森井博子が解説！建設業の労基署対応

森井 博子 著

日本法令®

安全第一

はじめに

建設業において、「働き方改革」が注目を浴びています。

その背景の1つに、働き方改革関連法の規定で、建設業も、罰則付き時間外労働の上限規制の対象とされることとなったことがあります。これまで建設業は、「労働基準法第36条第1項の協定で定める労働時間の延長の限度等に関する基準」（限度基準）の上限規制の適用が除外されていました。しかし、法施行後5年間の猶予期間はあるものの、期間経過後は、上限規制に違反すると罰則の対象となります。期限を切られて「対応待ったなし！」の状態に置かれている建設業では、“今”から働き方改革を実行し、法を守ることのできる仕事のやり方を確立していかなければなりません。

また、建設業では、従来から現場監督等の過重労働が問題となっていましたが、2020年東京オリンピック・パラリンピックの主会場となる新国立競技場の建設工事に従事していた現場監督の過労自殺事案等が発生したこと、今後工事量がさらに増えることが見込まれることから、「過重労働のリスクが高い業種」としてクローズアップされるようになり、行政がより強い指導に乗り出してきています。

建設業に対しては、これまで、現場での死亡事故等労働災害が多いことから、労働基準監督署の監督指導は現場での安全を中心に行われてきました。しかし、上述の変化を踏まえ、近時は、「働き方改革」や「過重労働対策」についての観点から、労働時間等の労務管理に関する監督指導が強力に行われるようになってきています。このような変化は、労働災害の原因を追究していくと長時間労働による問題に行き当たることもあり、そこも含めて対策を講じるべきであることから、当然のことであるともいえます。また、過労死・過労自殺等も、墜落災害や転倒災害と同様に労働災害であることには変わりなく、防止に取り組まなければならないことは論を俟ちません。

とはいえ、これまでのやり方が通用しなくなった監督指導対応について、現場からはとまどいの声も多く聞かれるところです。そこで本書では、労働基準監督署等行政の動き、業界の動き等を見ながら、対応が迫られている「働き方改革」と「過重労働対策」について建設業が“今”何に取り組まなければならないのか、解説していきたいと思います。

現場での取組みに大いにお役立ていただければ幸いです。

2018年7月吉日

特定社会保険労務士　森井 博子

CONTENTS

第１章　建設業界の現状

第２章 建設業の働き方改革

第３章　建設業の過重労働対策

第４章　建設業の労基署対応

資料

第1章

建設業界の現状

QUESTION-1

働き方改革で建設業が取り組まなければならない事項

「働き方改革実行計画」では、建設業も、罰則付きの時間外労働の上限規制の一般則を適用することとされましたが、法施行から5年間の猶予期間が設けられました。ただ、同計画では「5年後の施行に向けて、発注者の理解と協力も得ながら、労働時間の段階的な短縮に向けた取組を強力に推進する。」ことになっています。

具体的には、何をすればよいのでしょうか？

1 働き方改革の実現のための「働き方改革実行計画」と「工程表」

2015年10月に発足した第3次安倍晋三改造内閣では、少子高齢化に歯止めをかけ、50年後も人口1億人を維持し、家庭・職場・地域で誰もが活躍できる社会（「一億総活躍社会」）を目指すこととしました。この一億総活躍社会実現のために必要とされたのが、「働き方改革」です。

そこで、2016年9月26日、「働き方改革実現会議」（内閣総理大臣を議長とし、閣僚9人と有識者15人で構成）が安倍内閣総理大臣の私的諮問機関として設置され、働き方改革の実行計画の策定等についての審議が行われてきました。そして、2017年3月28日に開催された第10回会議において、「働き方改革実行計画」（☞資料1）が決定され、働き方改革の実現のための「工程表」（☞資料2）も示されました。

「働き方改革実行計画」では、「罰則付きの時間外労働の上限規制は、これまで長年、労働政策審議会で議論されてきたものの、結論を得ることができなかった、労働基準法70年の歴史の中で歴史的な大改革」であり、「スピードと実行が重要である。」としています。『スピードと実行』は、会社が働き方改革を進めていく上でのキーワードとなるでしょう。

2 時間外労働の上限規制と建設業の取扱い

「働き方改革実行計画」では、時間外労働の上限規制について、罰則付きにして強制力を持たせることとしています。そして、現行では限度基準告示の上限規制の適用除外とされている建設業についても、この一般則の適用があるものとしたうえで、その適用時期は「一般則の施行期日の５年後」としました。

時間外労働の上限規制

	現　行	働き方改革実行計画での決定
原　則	労働基準法で法定 ■ １日８時間・１週 40 時間 ■ 36 協定を結んだ場合、協定で定めた時間まで時間外労働可能 ■ 災害その他、避けることができない事由により臨時の必要がある場合には、労働時間の延長が可能（労基法 33 条）	
36 協定の限度	厚生労働大臣の限度基準告示 ※罰則による強制力なし ❶ ■ 原則、月 45 時間かつ年 360 時間 ■ ただし、特別条項によれば、臨時的で特別な事情がある場合、延長に上限なし（年６か月まで） ❷ 建設の事業は❶の適用を除外	労働基準法改正により法定 ※罰則付き ❶ ■ 原則、月 45 時間かつ年 360 時間 ■ 特別条項でも上回ることのできない時間外労働時間を設定 ①年 720 時間（月平均 60 時間） ②年 720 時間の範囲内で、一時的に事務量が増加する場合にも上回ることのできない上限を設定 a．2～6 か月の平均でいずれも１か月 80 時間以内（休日労働を含む） b．単月 100 時間未満（休日労働を含む） c．原則（月 45 時間）を上回る月は年６回を上限 ❷ 建設業の取扱い ■ 法施行後５年間、現行制度を適用 ■ 法施行より５年後、一般則を適用。ただし、災害からの復旧・復興については、上記❶② a・b は適用しない（将来的には一般則の適用を目指す）。

3 「働き方改革実行計画」・「工程表」で取り組むべきとされた事項

「働き方改革実行計画」および「工程表」では、建設業が取り組むべき事項が、次のとおり示されています。

【5年後の施行に向けた労働時間の段階的な短縮】

建設業は、改正法の一般則の施行期日の5年後に、罰則付き上限規制の一般則が適用されることになるので、この5年後の施行に向けて、発注者の理解と協力も得ながら、労働時間の段階的な短縮に向けた取組みを強力に推進する。

【計画実行のための国等の取組事項】

①適正な工期設定や適切な賃金水準の確保、週休2日の推進等の休日確保など、民間も含めた発注者の理解と協力が不可欠であることから、発注者を含めた関係者で構成する協議会を設置する。

②制度的な対応を含め、時間外労働規制の適用に向けた必要な環境整備を進め、あわせて業界等の取組みに対し支援を行う。

③技術者・技能労働者の確保・育成やその活躍を図るため、制度的な対応を含めた取組を行う。

④施工時期の平準化、全面的なICTの活用、書類の簡素化、中小建設企業への支援等により生産性の向上を進める。

＊ ICT：Information and Communication Technologyの略で、情報・通信に関する技術の総称

5年の猶予期間は、「何もしないでよい期間」ではありません。「5年後の施行に向けて、労働時間の段階的な短縮を行っていく期間」と考えてください。

森井博子がアドバイス！

「働き方改革実行計画」および「工程表」では、建設業は、猶予期間である５年間に、労働時間の段階的な短縮に向けた取組みを強力に行うこととされています。建設業ではこれまでなかなか労働時間の短縮が進まなかったことからすると、難易度が高いと思われますが、“今”まさに、現実的に取りかかる必要があります。行政や建設業団体等の取組みをしっかり見て、各社で目標を定め、継続的に進めていくことが大切です。

Check!　あなたの会社（現場）の状況はどうですか？

① ほとんどの社員（現場）は、「働き方改革」で、建設業についても（５年間の猶予はあるが）罰則付きの時間外労働の上限規制が適用になることを知らない。

② ５年後の施行に向けての取組みは、特段、何もしていない。

③ ５年後の施行に向けて、会社（現場）では、労働時間の段階的な短縮に取り組むことを計画している。

④ ５年後の施行に向けて、会社（現場）では、労働時間の段階的な短縮を実行している。

⇒　①なら……

まずは知らなきゃ始まらない！ 社内（現場）への周知が必要です！

②なら……

猶予期間が終わってから焦っても遅い！ 取組みを始めましょう！

③なら……

５年はあっという間です！ 計画を早期に実行に移しましょう！

④なら……

あなたの会社（現場）はOKです！ その調子で頑張ってくださいね！

QUESTION-2

建設業の労働時間等の現状

建設業の長時間労働が問題とされているということですが、他業種と比べて、建設業の労働時間や休日はどのようになっているのですか？ その他の労働条件についてはどうでしょうか？

1 建設業の実労働時間・休日等の状況

建設業では、労働時間の短縮が他産業に比べて進んでいません。そのため、年間総実労働時間を見ると、他産業との格差が大きくなっています。

また、他産業では週休２日が当たり前となっていますが、建設業では、４週８休制を採っているのは１割以下です（図表２の「他産業では当たり前となっている週休２日もとれていない。」とは国土交通省のコメントですが、建設業の現状に対する焦燥と心配の心情が表れています）。週休２日等の推進が著しく遅れていることから、年間出勤日は、他産業の平均に比べて29日も多くなっています。

建設業と製造業は、「国を造り、国の基幹産業として他産業をけん引する」二大業種と位置づけられてきました（ちなみに、いずれも労働災害が多い業種であることから、労災防止についても先進的な取組みが行われてきたという共通点もあります)。「二大業種」ということで、何かにつけ比較されることが多いのですが、年間総実労働時間、年間出勤日数についていえば、両者の間には歴然とした差が見られるのが現状です。

図表1　実労働時間および出勤日数の推移（建設業と他産業の比較）

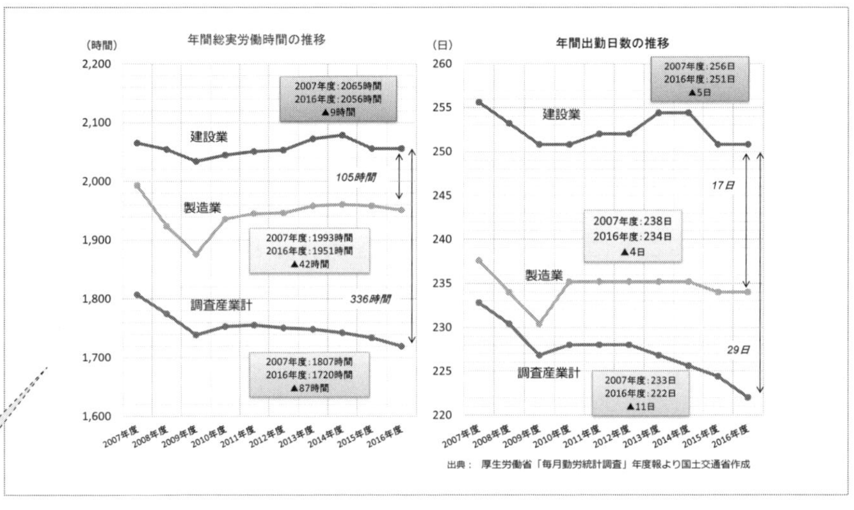

出典：国土交通省ホームページ

図表2　建設業における休日の状況

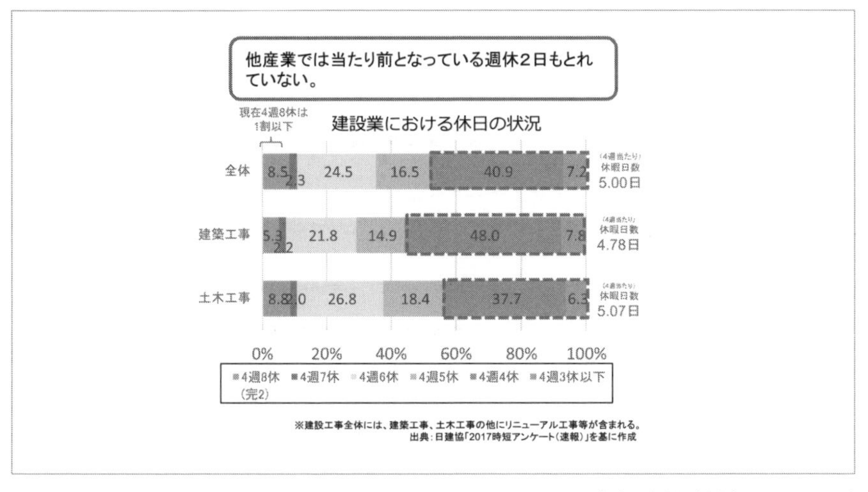

出典：国土交通省ホームページ

2 その他の状況

労働時間が長い一方で、年収額は、いまだに製造業よりも１割程度低く置かれています。また、就業者の高齢化が進み、若年の技能労働者不足の問題も認められます。若年の技能労働者数が少ないことは、彼らが建設業を支えることになる 10 ～ 20 年後を考えると、深刻な問題です。

高齢労働者対策としても、また、若年層にとって魅力のある業種になるためにも、他産業並みに休める環境作り、長時間労働対策は、喫緊の課題といえます。

図表３　建設業の年収額の推移

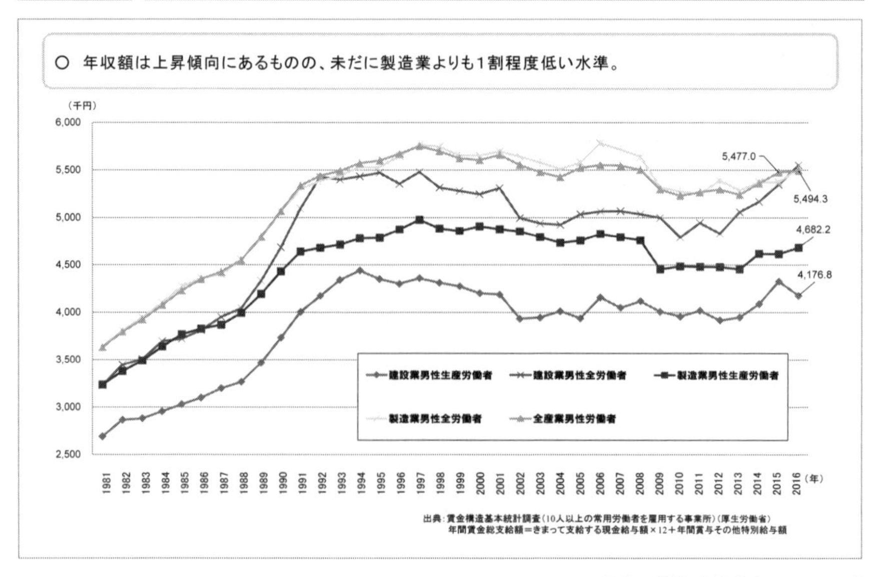

出典：国土交通省ホームページ

図表４　建設業就業者の現状

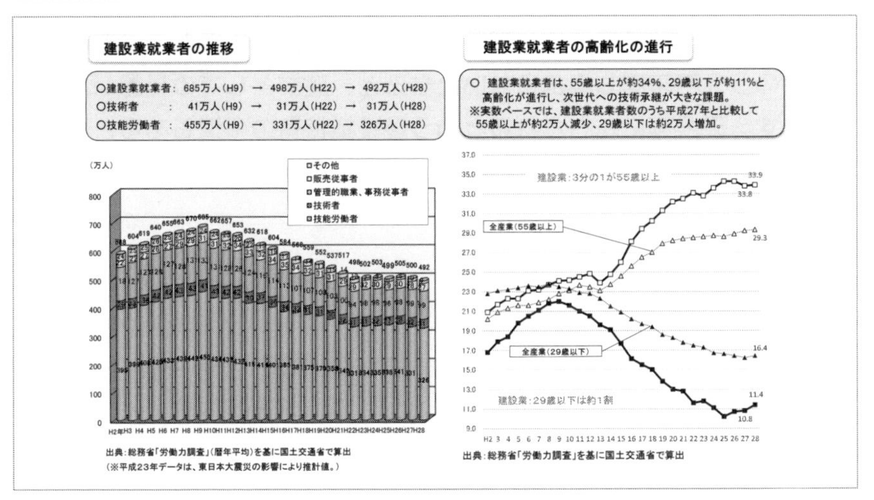

出典：国土交通省ホームページ

図表５　年齢別の技能労働者数

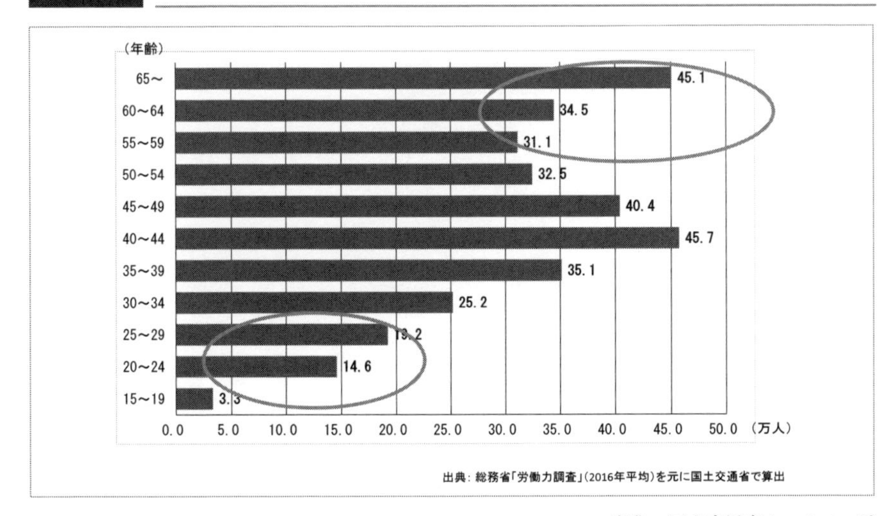

出典：国土交通省ホームページ

森井博子がアドバイス！

建設業では、他産業に比して時短が進まず、休日も確保できていません。このうえ若年層も集まらないとなると、産業としての基盤が危うくなります。天候等に左右されるという建設業特有の事情もあるとは思われますが、長時間・過重労働のない、安心して働ける職場作りへ舵取りしていくことは急務といえます。

QUESTION-3

建設業の働き方改革に関する協議会等

「働き方改革実行計画」で、「適正な工期設定や適切な賃金水準の確保、週休２日の推進等の休日確保など、民間も含めた発注者の理解と協力が不可欠であることから、発注者を含めた関係者で構成する協議会を設置」するとされましたが、協議会の設置やその開催状況は、現在どのようになっているのでしょうか？

1 建設業の働き方改革に関する協議会の開催

2017年7月28日に、「建設業の働き方改革に関する協議会」が開催されています。現在、協議会が開催されたのは、この1回のみです。

【開催趣旨】

「建設業について、時間外労働規制の適用に向けて、発注者を含めた関係者による協議の下、適正な工期設定や適切な賃金水準の確保、週休2日の推進などによる休日確保等に関する取組を推進するため、建設業の働き方改革に関する協議会を開催する。」

【構　成】 18名（議長含む）

議　　長：内閣官房副長官補

構 成 員：行政から内閣府政策統括官、厚生労働省労働基準局長、国土交通省土地・建設産業局長、民間から労使各団体、発注者団体、建設業団体の各代表等

【議　事】

①協議会の開催について

②建設業における働き方改革について

③建設業界における取組みについて

※この中で、「今後の取組の方向性」として、「建設工事における適正な工期設定等のためのガイドライン」（イメージ）が説明されています。

この協議会が開催される直前、2017 年 3 月に新国立競技場の建設現場の現場監督（当時入社 1 年目）が過労自殺し、これが労災申請されているという報道がなされました(なお、同年 10 月 6 日に労災認定)。

これを受けて、協議会冒頭の内閣官房副長官挨拶では、「入社 1 年目の男性が長時間労働による過酷な状況の中、自ら命を絶つという痛ましい事案が発生した。改めて御冥福をお祈りするとともに、このような悲劇を二度と繰り返さないとの強い決意で、長時間労働是正に取り組んでまいる所存。」と述べられ、さらに、①建設業団体には、建設業の働き方改革に向けて、下請も含めた請負契約における適正な工期の設定や、自社の社員の適切な労務管理等の徹底を図ること、②主要な民間の発注団体には、建設業の長時間労働の是正や週休 2 日の確保に向けて、適正な工期の設定や施工時期の平準化等について理解と協力をお願いすること――などが話されました。

労働基準監督署の建設業に対する監督指導も、この時期以降、長時間・過重労働を重点とするものが多くなり、内容も厳しいものになってきています。

2 建設業の働き方改革に関する関係省庁連絡会議の開催

2017年6月29日に、第1回目の「建設業の働き方改革に関する関係省庁連絡会議」が開催されました。その後、同年8月28日に第2回、2018年2月20日に第3回、同年7月2日に第4回が開催されています。

【開催趣旨】

「建設業について、時間外労働規制の適用に向けて、発注者を含めた関係者による協議の下、適正な工期設定や適切な賃金水準の確保、週休2日の推進などによる休日確保等に関する取組を推進するため、建設業の働き方改革に関する関係省庁連絡会議を開催する。」

【構　成】

議　　長：内閣官房副長官
議長代理：国土交通省副大臣
副 議 長：内閣官房副長官補
構 成 員：内閣府、公正取引委員会、総務省、財務省、文部科学省、厚生労働省、農林水産省、経済産業省、資源エネルギー庁、国土交通省、防衛省の各関係部局担当者が参加

【議　事】

○各省庁の「建設業における働き方改革に向けた取組状況」等
○第2回では、関係省庁申合せとして「建設工事における適正な工期設定等のためのガイドライン」が取りまとめられ、同日付けで策定されました。同ガイドラインは第4回期日付けで改訂されています。

関係省庁連絡会議は、議長を内閣官房から出し、庶務も厚生労働省および国土交通省の協力を得て内閣官房が行うことになっています。建設業の時間外労働規制の適用に向けて11省庁のメンバーが集まり、ガイドラインの検討をするようなことは、それまでにはありませんでした。

会議はこれまでに4回開催されており、毎回、各省庁の取組状況を確認し合いながら議事が進められています。このやり方を見ても、建設業の時間外労働規制の対応については国も全面的に後押しをしているのだということがわかります。

森井博子がアドバイス！

現在までに、「建設業の働き方改革に関する協議会」は1回、「建設業の働き方改革に関する関係省庁連絡会議」は4回、開催されています。

関係省庁連絡会議は、毎回各省庁の取組状況を確認し合いながらガイドラインの改訂も行うなど、実質的な施策の推進機関としての役割を果たしているといえます。これに対して、民間建設事業者団体、労働組合、民間の発注団体、関係省庁を構成員とする協議会は、それぞれの立場において建設業の時間外労働規制の適用に向けた取組みを行うために、各団体の取組事項の確認等を通して実施すべき事項を明確化して推進力を強化していく役割を果たしているといえるでしょう。それぞれの役割が果たされることにより、建設業における働き方改革が推進されることになります。

QUESTION-4

建設工事における適正な工期設定等のためのガイドライン

建設業の働き方改革に関する関係省庁連絡会議において取りまとめられた「建設工事における適正な工期設定等のためのガイドライン」（2017年8月28日付。第1次改訂：2018年7月2日）について、その要点を教えてください。

1　建設工事における適正な工期設定等のためのガイドライン

第２回「建設業の働き方改革に関する関係省庁連絡会議」（2017 年８月 28 日開催）において、関係省庁申合せとして「建設工事における適正な工期設定等のためのガイドライン」が取りまとめられ、同日付けで策定されました。このガイドラインは、2018 年７月２日に第１次改訂が行われています。

ガイドラインの趣旨等については、次のように説明されています。

> 働き方改革関連法による改正労働基準法（2019 年４月１日施行）に基づき、５年の猶予期間後、建設業に罰則付きの時間外労働の上限規制が適用することとされた。
>
> 本ガイドラインは、建設業への時間外労働の上限規制の適用に向けた取組の一つとして、公共・民間含め全ての建設工事において、適正な工期設定等が行われることや働き方改革に向けた生産性向上を目的として策定するものである。
>
> また、ガイドラインでは、猶予期間中においても、受注者・発注者が相互の理解と協力の下に取り組むべき事項を示している。

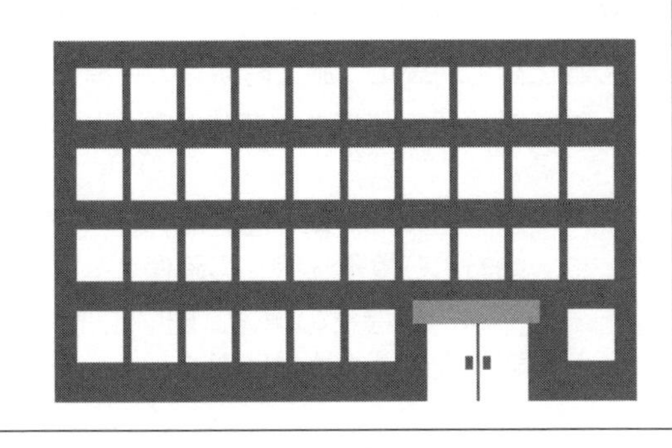

2 ガイドラインの要点（☞詳細は資料 3）

【時間外労働の上限規制の適用に向けた基本的考え方】

①請負契約の締結に係る基本原則

受発注者は、法令を順守し、双方対等な立場に立って、請負契約を締結するのが、基本原則である。

②受注者の役割

- 受注者（いわゆる元請）は、下請も含め建設工事に従事する者が長時間労働を行うことを前提とした不当に短い工期となることのないよう、適正な工期での請負契約を締結する役割を担う。
- 民間工事においては工期設定の考え方等を受発注者が適切に共有するものとする。

③発注者の役割

発注者は、施工条件等の明確化を図り、適正な工期での請負契約を締結する役割を担う。

④施工上のリスクに関する情報共有と役割分担の明確化

受発注者は、工事実施前に情報共有を図り、各々の役割分担を明確化する。

【時間外労働の上限規制の適用に向けた取組み】

①適正な工期設定・施工時期等の平準化

- 工期の設定にあたっては、下記の条件を適切に考慮するものとする。
  - ・建設工事に従事する者の休日（週休 2 日に加え、祝日、年末年始および夏季休暇）の確保
  - ・労務、資機材の調達、BIM/CIM 活用等の「準備期間」や施工終了後の「後片付け期間」

・降雨日、降雪・出水期等の作業不能日数　等

- 民間工事の受発注者は、業種に応じた工事特性等を理解のうえ協議して、適正な工期の設定に努めるものとする。
- 時間外労働の上限規制の対象となる労働時間の把握に関しては、工事現場における直接作業や現場監督に要する時間のみならず、書類の作成にかかる時間等も含まれるほか、厚生労働省が策定した「労働時間の適正な把握のために使用者が講ずべき措置に関するガイドライン」を踏まえた対応が求められることにも留意する必要がある。
- 週休２日等を考慮した工期設定を行った場合には、必要となる労務費や共通仮設費などを請負代金に適切に反映するものとする。特に公共工事は週休２日工事の件数を拡大する。
- 受注者は、違法な長時間労働に繋がる「工期のダンピング」を行わないものとする。
- 予定された工期での工事完了が困難な場合は、受発注者双方協議のうえで適切に工期の変更を行うものとする。
- 発注見通しの公表等により、施工時期を平準化する。

②必要経費へのしわ寄せ防止の徹底

- 社会保険の法定福利費などの必要経費を、見積書や請負代金内訳書に明示する。
- 公共工事設計労務単価の動きや生産性向上の努力等を勘案した適切な積算・見積りに基づき、適正な請負代金による請負契約を締結する。

③生産性向上

- 受発注者の連携により、建設生産プロセス全体における生産性向上を推進する。
  - ・３次元モデルにより設計情報等を蓄積・活用するBIM/CIMの積極活用
  - ・プロジェクトの初期段階から受発注者間で設計・施工等の集中検討を行う
  - ・フロントローディング（ECI方式の活用等）の積極活用　等

④下請契約における取組み

- 下請契約においても、長時間労働の是正や週休２日の確保等を考慮して適正な工期を設定するものとする。
- 下請代金は、できる限り現金払いによるものとする。
- 週休２日の確保に向け、日給制の技能労働者等の処遇水準の確保に十分留意し、労務費等の見直し効果が確実に行き渡るよう適切な賃金水準を確保する。
- 一人親方についても、長時間労働の是正や週休２日の確保等を図る。

⑤適正な工期設定等に向けた発注者支援の活用

- 工事の特性等を踏まえ外部機関（コンストラクションマネジメントなどの建設コンサルタント業務を行う企業等）を活用する。

【その他（今後の取組み）】

建設工事の発注の実態や長時間労働是正に向けた取組みを踏まえ、本ガイドラインについてフォローアップを実施し、適宜、内容を改訂するものとする。

＊ BIM：Building Information Modeling の略称。建築分野においてコンピューターの 3D 空間で建物や床・天井・開口・階段・設備などのモデルを作ること

CIM：Construction Information Modeling の略称。土木分野で BIM の考え方を適用・導入するもの

ECI：Early Contractor Involvement の略称。設計段階から施工者が参画し技術協力する方式（施工予定者技術協議方式）

本ガイドラインでは、時間外労働の上限規制の対象となる労働時間の把握に関しては「厚生労働省策定の『労働時間適正把握ガイドライン』を前提とすべき」としていて、労働時間の適正把握にも踏み込んで指示していることに注意する必要があります。

森井博子がアドバイス！

「建設工事における適正な工期設定等のためのガイドライン」においては、①発注者・受注者（下請を含む）のそれぞれの役割の認識、②適正な工期設定・施工時期の平準化のための取組み、③下請契約における取組み――がポイントです。これらが滞ることなく実行できるかがキーとなるでしょう。

本ガイドラインの特徴は、建設工事の発注の実態や長時間労働是正に向けた取組みを踏まえ、ガイドラインについてフォローアップを実施し、適宜、内容を改訂するというところにあります。2018 年の第 1 次改訂では、週休 2 日等を考慮した工期設定を行う場合に請負代金に適切に反映すべきものとして、「労務費」が明記されました。休みが多くなることによる経費を請負代金に反映してもらえば、休みを取らせることへの不安材料は少なくなります。

ガイドラインがこれから毎年改訂されることも考えて、時々、国土交通省のホームページをチェックしてみてはどうでしょうか。

QUESTION-5

建設業働き方改革加速化プログラム

国土交通省では、建設業における週休２日の確保をはじめとした働き方改革をさらに加速させるため、「建設業働き方改革加速化プログラム」を策定したということですが、これはどのような内容なのですか？

1 建設業働き方改革加速化プログラム

国土交通省は、従来より「建設業の働き方改革」に関して、建設業を所掌する官庁として、週休2日の確保をはじめとした働き方改革に対する業界の取組み等を指導・支援してきました。こうした取組みの流れをさらに加速させるために策定されたのが、「建設業働き方改革加速化プログラム」です（2018年3月20日策定）。

策定の趣旨については、次のとおり説明されています。

> 日本全体の生産年齢人口が減少する中、建設業の担い手については概ね10年後に団塊世代の大量離職が見込まれており、その持続可能性が危ぶまれる状況です。建設業は全産業平均と比較して年間300時間以上の長時間労働となっており、他産業では一般的となっている週休2日も十分に確保されておらず、給与についても建設業者全体で上昇傾向にありますが、生産労働者については、製造業と比べて低い水準にあります。将来の担い手を確保し、災害対応やインフラ整備・メンテナンス等の役割を今後も果たし続けていくためにも、建設業の働き方改革を一段と強化していく必要があります。
>
> 政府では、昨年3月の「働き方改革実行計画」を踏まえ、これまで、関係省庁連絡会議の設置や「適正な工期設定等のためのガイドライン」の策定など建設業の働き方改革に向けた取組を進めてきたところです。また、建設業団体においても、働き方改革4点セット（週休2日実現行動計画等）の策定など業界を挙げた取組が進展しています。
>
> 国土交通省では、この流れを止めることなくさらに加速させるため、今般「建設業働き方改革加速化プログラム」を策定しました。今後、長時間労働の是正、給与・社会保険、生産性向上の3つの分野で新たな施策について、関係者が認識を共有し、密接な連携と対話の下で施策を展開してまいります。
>
> （下線は筆者）

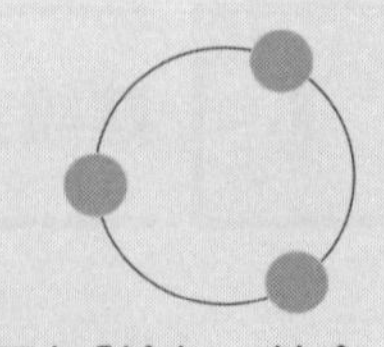

加速化プログラムには「長時間労働の是正」「給与・社会保険」「生産性向上」の３つの分野がありますが、これらはそれぞれ有機的につながっています。長時間労働を是正するためには、仕事を効率化し、限られた人材・資機材を効率的に活用していくことが不可欠ですし、それには生産性向上に関する取組みが必要です。また、生産性を向上させるためには高い技能を持つ労働者、経験者を集める必要がありますが、そのためには給与・社会保険等福利厚生を良くしていくこと、長時間・過重労働のない働きやすい職場にしていくことが求められます。

３分野がうまく循環し、大きなムーブメントになると、魅力のある業種に変身することができるでしょう。

2　主な内容（☞詳細は資料４）

【長時間労働の是正に関する取組み】

①週休２日制の導入を後押しする

公共工事における週休２日工事を大幅に拡大するとともに、週休２日の実施に伴う必要経費を的確に計上するため、労務費等の補正の導入、共通仮設費、現場管理費の補正率の見直しを行う。

②各発注者の特性を踏まえた適正な工期設定を推進する

長時間労働とならない適正な工期設定を推進するため、各発注工事の実情を踏まえて「建設工事における適正な工期設定等のためのガイドライン」を改訂する。

【給与・社会保険に関する取組み】

①技能や経験にふさわしい処遇（給与）を実現する

技能者の資格や現場の就業履歴等を業界横断的に登録・蓄積する建設キャリアアップシステムの今秋の稼働と、概ね５年でのすべての建設技能者（約 330 万人）の加入を推進する。
また、技能・経験にふさわしい処遇（給与）が実現するよう、建設技能者の能力評価制度を策定する。
さらに、能力評価制度の検討結果を踏まえ、高い技能・経験を有する建設技能者に対する公共工事での評価や当該技能者を雇用する専門工事企業の施工能力等の見える化を検討する。

②社会保険への加入を建設業を営む上でのミニマム・スタンダードにする

社会保険に未加入の建設企業は、建設業の許可・更新を認めない仕組みを構築する。

【生産性向上に関する取組み】

①生産性の向上に取り組む建設企業を後押しする

中小の建設企業による積極的な ICT 活用を促すため、公共工事の積算基準等を改善する。

②仕事を効率化する

工事書類の作成負担を軽減するため、公共工事における関係する基準類を改定するとともに、Iot や新技術の導入等により、施工品質の向上と省力化を図る。

③限られた人材・資機材の効率的な活用を促進する

現場技術者の将来的な減少を見据え、技術者配置要件の合理化を検討する。

森井博子がアドバイス！

　プログラム策定の趣旨を見ると、建設業が置かれている現状と今後についての、国土交通省の危惧がよく伝わります。ここに記載されているのは客観的データであり、その内容からもわかるように、これまで労働時間等の改善が進まなかった実態を直視すれば、その改善は難易度が高いといえますが、時間が限られた“今”だからこそ、働き方改革の加速が必要なのだともいえるでしょう。

QUESTION-6

建設業団体の建設業の働き方改革の取組み

「働き方改革実行計画」や「工程表」、また「建設工事における適正な工期設定等のためのガイドライン」を受けて、業界としては、建設業の働き方改革についてどのような取組みを行っているのでしょうか？

1 日本建設業連合会の取組み

建設業団体である一般社団法人日本建設業連合会（日建連）では、2017年9月22日に「働き方改革推進実行計画」を策定し、基本方針を示しています。また、同日、「時間外労働の適正化に向けた自主規制の試行について」を策定し、改正法が適用されるまでの間に時間外労働の削減に段階的に取り組むこととしています。さらに、同年12月には「週休二日実現行動計画」を策定し、週休2日の実現に向けた行動を提起しています。

日建連の取組みの話をすると、決まって、「大手だからできることだ！」「下請には、そのしわ寄せがくるだけだ！」――そんな声が上がります。今までの経験から、そのような考えになるのかもしれません。

けれども、大手でなくても、（5年の猶予はあるものの）罰則付き時間外労働の上限規制は適用になります。また、今後も人手不足は続くと予測されるところ、長時間労働が続く会社では、今以上に良い人材を集めることに苦労することになるでしょう。厳しいことが求められている状況とは思いますが、企業の規模にかかわらず、“最初の一歩”を踏み出すべき時だと思います。

2 働き方改革推進の基本方針（☞詳細は資料5）

働き方改革推進の基本方針では、働き方改革に関連する諸課題として、次の事項が挙げられています。

□長時間労働の是正等

①週休二日の推進

②総労働時間の削減

③有給休暇の取得促進

④柔軟な働き方がしやすい環境整備

⑤勤務間インターバル制

⑥メンタルヘルス対策、パワーハラスメント対策や病気の治療と仕事の両立への対策

□建設技能者の処遇改善

①賃金水準の向上

②社会保険加入促進

③建退共制度の適用促進

④雇用の安定（社員化）

⑤重層下請構造の改善

□生産性の向上

□下請取引の改善

□けんせつ小町の活躍推進

①現場環境の整備

②女性の登用

□子育て・介護と仕事の両立

①育児休暇・介護休暇の取得促進

②現場管理の弾力化

□建設技能者のキャリアアップの促進
①建設キャリアアップシステムの活用
②技能者の技術者への登用
□同一労働同一賃金など
□多様な人材の活用
①外国人材の受入れ
②高齢者の就業促進
③障害者雇用の促進
□その他
①職種別、季節別の平準化の検討
②適正な受注活動の徹底
③官民の発注者への協力要請

これらの課題について、A:推進の具体策や施策展開を日建連が定め、会員企業あげて推進すべき事項、B：日建連が示す方向性に従い、それぞれの会員企業が取り組むべき事項、C：会員企業がそれぞれの企業展開として独自に取り組むべき事項――の３つに区分し、たとえば「週休二日の推進：A」「総労働時間の削減：A」「同一労働同一賃金など：C」といったように示しながら、その推進方策を示しています。

3 時間外労働の適正化に向けた自主規制の試行について（☞詳細は資料６）

改正法が適用されるまでの間に時間外労働の削減に段階的に取り組み、法適用への円滑な対応を図ることとし、次の取組みを行っています。

改正労働基準法が成立し、施行されるまでの期間（～ 2019 年 3 月）

・法が想定している移行準備期間であるため、各会員企業の自主的な取組みに委ねる。ただし、月 100 時間未満の制限については、できるだけ早期に実施するよう努める。

改正法施行開始後 1 年目から 3 年目（2019・2020・2021 年度）

・年間 960 時間以内とする（月平均 80 時間）。
・6 か月平均で、休日労働を含んで 80 時間以内とする。
・1 か月で、休日労働を含んで 100 時間未満とする。

改正法施行開始後 4 年目から 5 年目（2022・2023 年度）

・年間 840 時間以内とする（月平均 70 時間）。
・4・5・6 か月それぞれの平均で、休日労働を含んで 80 時間以内とする。
・1 か月で、休日労働を含んで 100 時間未満とする。

4 週休二日実現行動計画（☞詳細は資料 7）

建設業界においては、生産体制の継続のために、厳しい人材獲得競争の中で若者を確保し、基幹技能者の世代交代を図ることが求められています。そのために、週休 2 日の導入・普及・定着が喫緊の課題となっています。

このような状況を踏まえ、週休二日実現行動計画の「はじめに」においては、「日建連では、本年 3 月、政府の『働き方改革実行計画』の策定と時を同じくして『週休二日推進本部』を設置し、『建設業に週休二日なんてとても無理』と自他共に認めてきたタブーに、業界の命運をかけてチャレンジすることとした。」との決意が述べられているとともに、「週休二日が実現して初めて、建設業は他産業と同列のスタートラインに立ち、国民生活と経済を支える健全な産業への進化の途につくこととなる。」と結ばれています。

週休二日実現行動計画の内容は、次のとおりです。

【週休二日実現行動計画】

①行動計画策定の背景
②行動計画の基本フレーム

【行動計画の基本方針】

①週休 2 日を 2021 年度末までに定着させる
②建設サービスは週休 2 日で提供する
③週休 2 日は、土日閉所を原則とする
④日給月給の技能者の総収入を減らさない
⑤適正工期の設定を徹底する
⑥必要な経費は請負代金に反映させる
⑦生産性をより一層向上させる
⑧建設企業が覚悟を決めて一斉に取り組む
⑨企業ごとの行動計画を作り、フォローアップを行う

【週休 2 日の実現に向けた行動】

①請負契約および下請契約における取組み
②優良協力会社への支援
③自助努力の徹底
④業界の意識改革
⑤発注者、社会一般の理解促進
⑥国土交通省の「週休二日モデル工事」への対応

⑦「建築工事適正工期算定プログラム」の活用
⑧関係省庁等の取組みへの参画

日本建設産業職員労働組合協議会（日建協）の「2017年時短アンケート」によると、4週8休（週休2日）が取れている労働者は未だ1割にも達していないのが実態です（図表2も参照）。このような状況の中、週休2日を推進していくのは、並大抵のことではありません。「『建設業に週休二日なんてとても無理』と自他共に認めてきたタブーに、業界の命運をかけてチャレンジすることとした。」との言葉は、決してオーバーなものではないと思います。

週休二日実現行動計画に記された基本方針は、すべて大事なことです。基本方針の実行と、週休2日の実現に向けて、心からエールを送ります！

森井博子がアドバイス！

建設業界を牽引していく日建連が、残業時間の上限を自主的に設けたこと、2021 年度末までに週休 2 日を定着させる方針を打ち出したことは注目されます。今後は、実現に向けた行動にいかに取り組み、推進するかが問われることになるでしょう。

Check! 建設業団体の「働き方改革」の取組みについて、あなたの会社（現場）の状況はどうですか？

①関係ないし、興味もないので、何もしないで、騒ぎが通り過ぎるのを待つことにしている。

②傘下の会社（現場）なので、表向きは一応、付き合う格好にしている。

③一度にすべてを実行することは難しいが、参考になる部分も多いので、できるところから始めている。

④社長が率先して取り組んでいるので、会社（現場）では、労働時間の段階的な短縮が進んでいる。

⇒①なら……

このまま 5 年が経過して法律が適用になった時に、直ちに時間外労働の上限規制に対応する体制を整えるのは難しいですよ。それに、その間に労働基準監督署の監督指導が入ることも考えられます。そこで労働時間にかかる法違反等が厳しく指摘されるリスクもあります。「働き方改革」の取組みは、どの企業にとっても「関係ない」ことではありません。

②なら……

労働時間の問題に対応するためには多くのことを抜本的に見直さなければなりませんから、小手先での対応では、すぐにボロが出てしまいます。監督対象になった時に、そこを監督官に見破られ、多額の未払割増賃金を支払わなければならなくなるリスクがあります。

③なら……

労働時間については、元請なのか下請なのか、あるいは企業規模等により、改善がやりやすいもの、難しいものがあると思います。そんな中、「できることから始める」という姿勢はいいですね！ 取組みが早ければその分早く問題点もわかり、その対処を考えるための時間の余裕もできます。段階的に難しいものにもチャレンジしていきましょう！

④なら……

企業トップの意識で、結果は随分異なってきます。短期的な視点だけでなく、長期的な視点に立ち、先を見越すことのできる社長の下で、全社的に取り組むのが効率的です。その調子で頑張ってください！

QUESTION-7

建設業の働き方改革についての行政の予算上の支援措置

建設業の働き方改革については、「働き方改革実行計画」で、「制度的な対応を含め、時間外労働規制の適用に向けた必要な環境整備を進め、あわせて業界等の取組に対し支援措置を実施する。」とあります。国は、建設業の働き方改革に対して、どのような予算上の支援をしているのですか？

1 厚生労働省・国土交通省の2018年度の予算

建設業においては、技能者の約3分の1が55歳以上となっているなど、他産業と比べて高齢化が進行しています。

このような状況を踏まえ、厚生労働省・国土交通省は、「建設業が持続的な成長を果たしていくためには、特に若者や女性の建設業への入職や定着の促進などに重点を置きつつ、働き方改革を着実に実行し、魅力ある職場環境を整備することにより、中長期的に人材確保・育成を進めていくことが重要な課題」であると位置づけて（2018年3月30日記者

図表6 国土交通省と厚生労働省の2018年度予算の概要

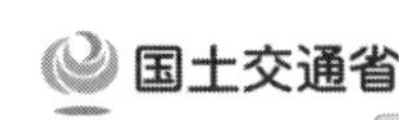

※◆は建設業に特化した支援

人材確保

- ◆ 建設業の働き方改革の推進　116百万円
- ◆ 社会保険加入の徹底・定着　23百万円
- ◆ 専門工事企業に関する評価制度の構築に向けた検討　19百万円
- ◆ 建設事業主等に対する助成金による支援　53.3億円
- ◇ ハローワークにおける人材不足分野に係る就職支援の拡充　25.8億円
- ◇ 高校生に対する地元における職業の理解の促進支援　15百万円

人材育成

- ◆ 地域建設産業における多能工化の推進　60百万円
- ◆ 建設業の働き方改革の推進（再掲）　116百万円
- ◆ 専門工事企業に関する評価制度の構築に向けた検討（再掲）　19百万円
- ◆ 中小建設事業主等への支援　9.2億円
- ◆ 建設分野におけるハロートレーニング（職業訓練）の実施　3.4億円
- ◇ ものづくりマイスター制度による若年技能者への実技指導　33.9億円
- ◆ 建設事業主等に対する助成金による支援（再掲）　53.3億円

魅力ある職場づくりの推進

- ◆ 建設職人の安全・健康の確保の推進　20百万円
- ◆ 地方の入札契約改善推進事業　96百万円
- ◆ 建設業の働き方改革の推進（再掲）　116百万円
  - 民間発注工事等における働き方改革の推進
  - 建設技術者の働き方改革の推進
  - 建設業における女性の働き方改革の推進
  - 建設業許可等の電子申請化に向けた検討
- ◆ 社会保険加入の徹底・定着（再掲）　23百万円
- ◇ 時間外労働等改善助成金による支援　19.2億円
- ◇ 働き方改革推進支援センターの設置による支援　15.5億円
- ◆ 中小専門工事業者の安全衛生活動支援事業の実施　1.1億円
- ◆ 雇用管理責任者等に対する研修等の実施　1.3億円
- ◇ 労災保険特別加入制度の周知広報等事業の実施　56百万円
- ◆ 建設業における墜落・転落災害等防止対策推進事業　59百万円
- ◆ 建設工事の発注・設計段階における労働災害防止対策の促進事業　30百万円
- ◆ 建設事業主等に対する助成金による支援（再掲）　53.3億円

2

出典：厚生労働省ホームページ

発表)、建設業の働き方改革も含めた建設業の人材の確保・育成等の実行のために、両省で連携し次の3つを重点事項として2018年度予算を取りまとめました。

①人材確保：
建設業への入職や定着を促すため、建設業の魅力の向上やきめ細かな取組みを実施
②人材育成：
若年技能者等を育成するための環境整備
③魅力ある職場づくりの推進：
技能者の処遇を改善し、安心して働けるための環境整備

2 国土交通省の建設業働き方改革の推進の予算

国土交通省は、建設業の健全な発展を図る観点から、建設業者団体や企業と連携し、就労環境の整備や人材確保・育成に向けた取組み等を実施するために、「建設業における働き方改革の推進」として、「民間発注工事等における働き方改革の推進」「建設技術者の働き方改革の推進」「建設業における女性の働き方改革の推進」「建設業許可等の電子申請化に向けた検討」についての予算を組んでいます（☞ 図表7 参照)。この中には、「建設工事における適正な工期設定等のためのガイドライン」の普及・遵守に向けた環境整備、建設技術者の長時間対策が盛り込まれています。

図表7　国土交通省の建設業働き方改革の推進の予算

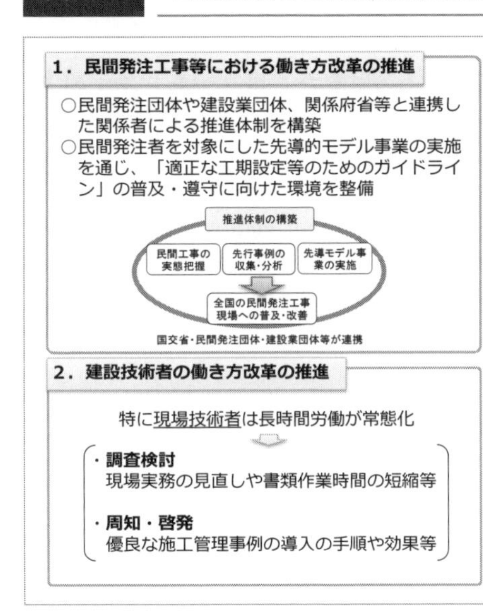

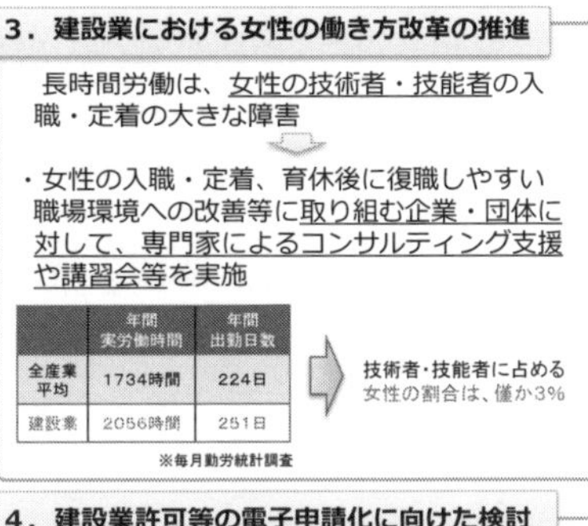

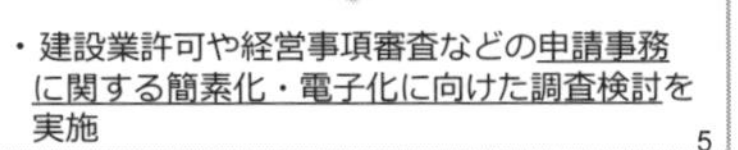

出典：厚生労働省ホームページ

3　厚生労働省の建設事業主等に対する助成金の概要

厚生労働省は、建設労働者の確保や雇用の安定を図る観点から、建設業者団体や企業が人材確保・育成等に取り組む際の助成金の支給や、ハローワークにおける就職支援の実施のための予算を組んでいます（☞ 図表8 参照）。建設業では他産業に比べ高齢化が進んでおり、若年の技能労働者が不足していることから、その対策のための建設労働者技能実習などについての予算も盛り込まれています。

なお、建設業にも対象が拡大された「時間外労働等改善助成金」については、**QUESTION-8** で解説します。

＊相談窓口・申請先等は、労働局によって異なる場合がありますので、事前に厚生労働省のホームページ等（「雇用関係各種給付金申請等受付窓口一覧」）でお確かめください。

https://www.mhlw.go.jp/general/seido/josei/kyufukin/madoguchi.html

森井博子がアドバイス！

建設業で働き方改革を推進するためには、財政的な基盤が必要になります。国は、予算を組んでそれを支えていくことになります。“縦割り行政”が問題となることも多いですが、建設業については、厚生労働省と国土交通省が連名で 2018 年度の予算要求をしています。省庁の壁を越え、連携して施策を進めていくということも、建設業に関する施策の特徴であるといえます。

図表８　厚生労働省の建設事業主等に対する助成金の概要

建設事業主等に対する助成金の概要

H30予算額　53.3億
（H29予算額　49.6億円）

トライアル雇用助成金

◆ 若年・女性建設労働者トライアルコース

職業経験の不足などから就職に不安のある若年者（３５歳未満）や女性を対象として、試行雇用を行った場合に支給されるトライアル雇用助成金（一般・障害者トライアルコース）に上乗せ助成

【助成額】
- 原則１人あたり月４万円（3ヶ月）｝一般・障害者トライアルコース助成金
- ＋
- １人あたり月４万円（最大3ヶ月）｝本コースの上乗せ助成

人材開発支援助成金

◆ 建設労働者認定訓練コース

能開法による認定職業訓練または指導員訓練のうち、建設関連の訓練を実施した場合に助成

【助成率・額】　経費助成　補助対象経費の 16.7%
　　　　　　　　賃金助成　6,000円/日（4,750円/日）

◆ 建設労働者技能実習コース

若年者等の育成と熟練技能の維持・向上を図るため、キャリアに応じた技能実習を実施した場合に助成

【対象となる技能実習】
○安衛法による教習、技能講習、特別教育
○能開法による技能検定試験のための事前講習
○建設業法による登録基幹技能者講習 など

【助成率・額】
1　中小建設事業主(※支給対象：男性・女性労働者)
（１）労働者数20人以下　経費助成　90%（75%）
　　　　　　　　　　　　賃金助成　9,600円/日（7,600円/日）
（２）労働者数21人以上　経費助成　35歳未満　85%（70%）
　　　　　　　　　　　　　　　　　35歳以上　60%（45%）
　　　　　　　　　　　　賃金助成　8,400円/日（6,650円/日）

2　中小以外の建設事業主（※支給対象：女性労働者）
　　　　　　　　　　　　経費助成　75%（60%）　など

人材確保等支援助成金

◆ 雇用管理制度助成コース（建設分野）

○　就業規則や労働協約の変更により雇用管理改善につながる制度（①評価・処遇制度、②研修制度、③健康づくり制度、④メンター制度）を新たに導入し、目標を達成した場合に助成

【助成額】※人材確保等支援助成金のうち雇用管理制度助成コースに上乗せで助成
- (1)定着改善：計画終了後１年間の離職率改善目標達成
　⇒　72万円（57万円）｝雇用管理制度助成コース
- ＋
- (2)入職改善：計画終了後1年間の若年者・女性の入職率が目標を達成
　⇒　(1)に加え、72万円（57万円）
- (3)入職改善：計画終了後3年間の若年者・女性の入職率が目標を達成
　⇒　(1)(2)に加え、108万円（85.5万円）｝本コースの上乗せ助成

○　就業規則や労働協約の変更により登録基幹技能者の賃金テーブルまたは資格手当を年間２%以上かつ10万円以上引き上げ、実際に適用した場合に助成

【助成額】8.4万円/人年（6.65万円/人年）（最大3年間）

◆ 若年者及び女性に魅力ある職場づくり事業コース（建設分野）

「魅力ある職場づくり」につながる取組や広域的な職業訓練の推進活動を実施した場合に助成

【対象となる取組例】
現場見学会、体験実習、インターンシップ等の建設業の魅力を伝える取組　など

【助成率】経費助成　中小建設事業主　　　75%（60%）
　　　　　　　　　　中小建設事業主以外　60%（45%）など

◆ 作業員宿舎等設置助成コース（建設分野）

作業員宿舎等の確保（被災三県のみ）や、建設現場の女性専用トイレ・更衣室を整備した場合に助成

【助成率】経費助成　75%(60%)

※１　「建設事業主等に対する助成金」とは、建設労働者の雇用の改善等に関する法律に基づく助成金の総称
※２　人材開発支援助成金（建設労働者認定訓練コースの経費助成を除く）・人材確保等支援助成金の【助成率・額】の括弧内は、生産性要件を満たさなかった場合（生産性要件：3年間の生産性伸び率6%（年平均2%）等を要件）

12

出典：厚生労働省ホームページ

QUESTION-8

建設業の働き方改革についての助成金・相談窓口

当社では、これからしっかり働き方改革に取り組んでいこうと考えています。改革に取り組んだ場合に受給することのできる助成金はありますか？ また、改革を進める上での相談ができるような場所はあるのでしょうか？

1 建設業に拡大された助成金

働く時間の短縮に取り組む中小企業事業主を支援するための助成金として、「時間外労働等改善助成金（時間外労働上限設定コース）」があります。この対象が、2018年度から、限度基準告示の上限規制の適用除外となっている建設業にも拡大されました（☞ 図表9 参照）。問合せ先は、都道府県労働局雇用環境・均等部（または雇用環境・均等室）です。

2 働き方改革推進支援センター

厚生労働省は、2018年度から、働き方改革に向けて、特に中小企業・小規模事業者が抱えるさまざまな課題に対応するため、ワンストップ相談窓口として「働き方改革推進支援センター」を47都道府県に開設しています。無料で、労働時間・賃金・助成金等について、来所での窓口相談、電話相談、メールでの相談等ができます。また、相談員に企業へ直接訪問してもらい、相談にのってもらうこともできます。対応を行うのは、社会保険労務士などの専門家です。

支援の対象は、すべての事業主です。業種や規模の制限はありませんので、建設業も、もちろん利用することができます。

詳細については、厚生労働省ホームページ（「働き方改革推進支援センターのご案内」）をご確認ください。また、各都道府県の働き方改革推進支援センターについての問合せ先は、各都道府県労働局雇用環境・均等部（または雇用環境・均等室）となっています。

図表９　時間外労働等改善助成金（時間外労働上限設定コース）

「時間外労働等改善助成金」（時間外労働上限設定コース）のご案内

時間外労働の上限時間を適切に設定し長時間労働を見直すことで、働く方の健康や、ワーク·ライフ·バランスを確保しながら、生産性を向上させることが可能となります。

このコースは、長時間労働の見直しのため、働く時間の縮減に取組む中小企業事業主の皆さまを支援します。是非ご活用ください。

▶ **平成30年度から、以下のとおり助成内容を拡充しました**

○　上限額を最大150万円までに引上げ
○　更に、週休２日制とした場合に上限額を加算（助成金の合計は200万円まで）
○　一定の要件を満たした場合に、助成率を 3/4 から 4/5に上乗せ
○　建設の事業、自動車運転業務に係る事業等、限度基準告示の適用除外業種も申請対象に追加
○　業務研修、人材確保等のための費用等、助成対象となる取組を追加

課題別にみる助成金の活用事例

企業の課題	業務上の無駄な作業を見直したい！	始業・終業時刻を手書きで記録しているが、管理上のミスが多い！	新たに機械・設備を導入して、生産性を向上させたい！
助成金による取組	外部の専門家によるコンサルティングを実施	労務管理用機器や、ソフトウェアを導入	労働能率を増進するために設備・機器等を導入
改善の結果	 専門家のアドバイスで業務内容を抜本的に見直すことができ、効率的な業務体制等の構築につながった。それにより、時間外労働の縮減ができた	 記録方法を台帳からICカードに切り替えたことで、始業・終業時刻を正確に管理できるようになり、業務量の平準化につながった。その結果、時間外労働の縮減もできた	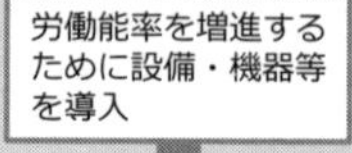  新たな機器・設備を導入して使用するようになったところ、実際に労働能率が増進し、時間当たりの生産性が向上した。それに伴い、時間外労働も減らすことができた

生産性の向上を図ることにより、時間外労働の縮減が可能に!!

助成内容について詳しくは、裏面をご参照ください。

また、ご不明な点やご質問がございましたら、事業場の所在地を管轄する
都道府県労働局　雇用環境・均等部　または　雇用環境・均等室　におたずねください。

労働局の所在地一覧は、厚生労働省ＨＰに掲載しています。
http://www.mhlw.go.jp/kouseiroudoushou/shozaiannai/roudoukyoku/

時間外労働等改善助成金　検索

時間外労働上限設定コースの助成内容

対象事業主

平成28年度又は平成29年度において「労働基準法第36条第１項の協定で定める労働時間の延長の限度等に関する基準」に規定する限度時間を超える内容の時間外・休日労働に関する協定を締結している事業場を有する中小企業事業主（※1）で、当該時間外労働及び休日労働を複数月行った労働者（単月に複数名行った場合も可）がいること。

(※1)中小企業事業主の範囲
ＡまたはＢの要件を満たす企業が中小企業になります。

業種	A 資本または出資額	B 常時使用する労働者
小売業 (飲食店を含む)	5,000万円以下	50人以下
サービス業	5,000万円以下	100人以下
卸売業	１億円以下	100人以下
その他の業種	３億円以下	300人以下

支給対象となる取組
～いずれか１つ以上を実施すること～

① 労務管理担当者に対する研修(※2)
② 労働者に対する研修(※2)、周知・啓発
③ 外部専門家によるコンサルティング
④ 就業規則・労使協定等の作成・変更
⑤ 人材確保に向けた取組
⑥ 労務管理用ソフトウェア、労務管理用機器、デジタル式運行記録計の導入・更新(※3)
⑦ テレワーク用通信機器の導入・更新(※3)
⑧ 労働能率の増進に資する設備・機器等の導入・更新(※3)

(※2) 研修には、業務研修も含みます。
(※3) 原則として、パソコン、タブレット、スマートフォンは対象となりません。

利用の流れ

申請書の記載方法については、申請マニュアルをご活用ください。

「交付申請書」を事業実施計画書などの必要書類とともに、最寄りの労働局雇用環境・均等部（室）に提出（締切は12月３日（月））

▼

交付決定後、提出した計画に沿って取組を実施

▼

労働局に**支給申請**（締切は２月15日(金)）

成果目標

支給対象となる取組は、以下の「成果目標」の達成を目指して実施してください。

事業主が事業実施計画において指定した全ての事業場において、平成30年度又は平成31年度に有効な36協定の延長する労働時間数を短縮して、以下のいずれかの上限設定を行い、労働基準監督署へ届出を行うこと。
① 時間外労働時間数で月45時間以下かつ、年間360時間以下に設定
② 時間外労働時間数で月45時間を超え月60時間以下かつ、年間720時間以下に設定
③ 時間外労働時間数で月60時間を超え、時間外労働時間数及び法定休日における労働時間数の合計で月80時間以下かつ、時間外労働時間数で年間720時間以下に設定

● 上記の成果目標に加えて、週休２日制の導入に向けて、４週当たり５日から８日以上の範囲内で休日を増加させることを成果目標に加えることができます。

支給額

上記「成果目標」の達成状況に応じて、支給対象となる取組の実施に要した経費の一部を支給します。

助成額	以下のいずれか低い額 Ⅰ　１企業当たりの上限200万円 Ⅱ　上限設定の上限額及び休日加算額の合計額 Ⅲ　対象経費の合計額×補助率３／４(※4) (※4)　常時使用する労働者数が30名以下かつ、支給対象の取組で⑥から⑧を実施する場合で、その所要額が30万円を超える場合の補助率は４／５

【Ⅱの上限額】
● 上限設定の上限額

事業実施後に設定する時間外労働時間数等	事業実施前の設定時間数		
	ア　時間外労働時間数等が月80時間を超えるなどの時間外労働時間数を設定し、その実績を有する事業場	イ　時間外労働時間数で月60時間を超えるなどの時間外労働時間数を設定し、その実績を有する事業場（アに該当する場合を除く）	ウ　時間外労働時間数で月45時間を超えるなどの時間外労働時間数を設定し、その実績を有する事業場（ア、イに該当する場合を除く）
成果目標①	150万円	100万円	50万円
成果目標②	100万円	50万円	―
成果目標③	50万円	―	―

● 休日加算額

事業実施後	事業実施前			
	４週当たり４日	４週当たり５日	４週当たり６日	４週当たり７日
4週当たり8日	100万円	75万円	50万円	25万円
4週当たり7日	75万円	50万円	25万円	―
4週当たり6日	50万円	25万円	―	―
4週当たり5日	25万円	―	―	―

(H30.4)

出典：厚生労働省ホームページ

森井博子がアドバイス！

時間外労働等改善助成金（時間外労働上限設定コース）は、中小企業が労働時間の短縮に向けて取り組むための助成金です。また、働き方改革推進支援センターは、「すべての事業主対応」とされてはいるものの、念頭に置かれているのは、取組みが遅れがちな中小企業・小規模事業者へのフォローです。

これらの施策は、大企業に比して働き方改革への取組みが遅れがちな中小企業のためのものであるともいえます。積極的に活用して、働き方改革を進めていきましょう！

memo

第２章

建設業の働き方改革

QUESTION-9

働き方改革関連法の概要と建設業における課題

働き方改革関連法が成立しましたが、建設業においては、何が優先的に取り組むべき課題となるのでしょうか？

1 働き方改革関連法

働き方改革関連法は、労働者がそれぞれの事情に応じた多様な働き方を選択できる社会を実現する「働き方改革」を推進するため、長時間労働の是正、多様で柔軟な働き方の実現、雇用形態にかかわらない公正な待遇の確保等のための措置を講じることを目的として制定されました。次の８つの法律の改正が含まれています。

①雇用対策法
②労働基準法
③労働時間等の設定の改善に関する特別措置法（労働時間等設定改善法）
④労働安全衛生法
⑤じん肺法
⑥短時間労働者の雇用管理の改善等に関する法律（パートタイム労働法）
⑦労働契約法
⑧労働者派遣事業の適正な運営の確保及び派遣労働者の保護等に関する法律（労働者派遣法）

2 働き方改革関連法の主な内容

働き方改革関連法は、大きく、①働き方改革の総合的かつ継続的な推進、②長時間労働の是正と多様で柔軟な働き方の実現等、③雇用形態にかかわらない公正な待遇の確保――を内容としています。

【働き方改革の総合的かつ継続的な推進】 ☞雇用対策法の改正

働き方改革にかかる基本的考え方を明らかにするとともに、国は、改革を総合的かつ継続的に推進するための「基本方針」（閣議決定）を定める。

（※）法律の題名は、「労働施策の総合的な推進並びに労働者の雇用の安定及び職業生活の充実等に関する法律」（略称「労働施策総合推進法」）

【長時間労働の是正と多様で柔軟な働き方の実現等】

①労働時間に関する制度の見直し☞労働基準法・労働安全衛生法の改正

a．時間外労働の上限について、月45時間、年360時間を原則とし、臨時的な特別な事情がある場合でも年720時間、単月100時間未満（休日労働含む）、複数月平均80時間（休日労働含む）を限度に設定。

（※）自動車運転業務、建設事業、医師等について、猶予期間を設けたうえで規制を適用等の例外あり。研究開発業務について、医師の面接指導を設けたうえで、適用除外。

b．月60時間を超える時間外労働にかかる割増賃金率（50％以上）について、中小企業への猶予措置を廃止。

c．使用者は、10日以上の年次有給休暇が付与される労働者に対し、5日について、毎年、時季を指定して与えなければならない。

d．労働者の健康確保措置の実効性を確保する観点から、労働時間の状況を把握しなければならないこととする。

☞労働安全衛生法の改正

e．フレックスタイム制を見直し、「清算期間」の上限を1か月から3か月に延長。

f．特定高度専門業務・成果型労働制（高度プロフェッショナル制度）の創設。

②勤務間インターバル制度の普及促進等

☞労働時間等設定改善法の改正

事業主は、前日の終業時刻と翌日の始業時刻の間に一定時間の休息の確保に努めなければならない。

③産業医・産業保健機能の強化☞労働安全衛生法等の改正

事業者から、産業医に対しその業務を適切に行うために必要な情報を提供することとするなど、産業医・産業保健機能の強化。

【雇用形態にかかわらない公正な待遇の確保】

①不合理な待遇差を解消するための規定の整備

☞パートタイム労働法・労働契約法・労働者派遣法の改正

a．短時間・有期雇用労働者に関する正規雇用労働者との不合理な待遇の禁止に関し、個々の待遇ごとに、当該待遇の性質・目的に照らして適切と認められる事情を考慮して判断されるべき旨を明確化。あわせて有期雇用労働者の均等待遇規定を整備。

（※）有期雇用労働者を法の対象に含めることに伴い、題名を「短時間労働者及び有期雇用労働者の雇用管理の改善等に関する法律」に改正（略称：「パート有期法」）

b．派遣労働者について、ⓘ派遣先の労働者との均等・均衡待遇、ⓘⓘ同種業務の一般の労働者の平均的な賃金と同等以上の賃金であること等一定の要件を満たす労使協定による待遇――のいずれかを確保することを義務化。

c．これらの事項に関するガイドラインの根拠規定を整備。

②労働者に対する待遇に関する説明義務の強化

☞パートタイム労働法・労働者派遣法

短時間労働者・有期雇用労働者・派遣労働者について、正規雇用労働者との待遇差の内容・理由等に関する説明を義務化。

③行政による履行確保措置および裁判外紛争解決手続（行政ADR）の整備

今回注目されるのは、「罰則付きの時間外労働の上限規制」と「不合理な待遇差を解消するための規定の整備（日本型同一労働同一賃金）」の二大テーマです。

施行後ただちに労働基準監督署の監督指導の対象となるのは、「罰則付きの時間外労働の上限規制」です。「罰則付き」ですので、違反した場合には事件として立件され、検察庁に送検されるリスクもあることに注意が必要です。

3 建設業において優先度の高い課題

改正法の施行時期は業種・企業規模により異なることがありますが、それぞれの施行日になれば、法律で除外されていない限り全業種に適用されます。

建設業においては、長時間労働が、働き方改革の問題としてクローズアップされています。この点、「働き方改革実行計画」で、建設業に対する罰則付き時間外労働の上限規制の適用時期は「一般則の施行日の５年後」とされましたが、５年後には適用されることとなるのですから、“今”から対策を講じておくことが必要です。

やはり「罰則が付く」ということにはインパクトがありますし、また、多方面で影響を及ぼすことが考えられます。建設業にとっては、長時間労働対策が、取り組むべき優先度が高い課題であるといえます。

森井博子がアドバイス！

建設業においては、働き方改革関連法の中でも、特に罰則付き時間外労働の上限規制の対象とされること、ただし５年の猶予期間が与えられていることが注目されています。ここに注視するあまり、「建設業は、他の改正も同様に猶予される」と誤解している方もいるようです。

５年の猶予期間が与えられているのは、あくまでも時間外労働の上限規制だけであり、すべての改正の適用が猶予されているわけではないということは押さえておいてくださいね。

QUESTION-10

改正条文（労基法36条・119条・139条）

時間外労働の上限規制に関する法律の規定について教えてください。上限規制を規定する改正労基法36条、関連して、罰則を規定する119条、建設業に対する施行の猶予を規定する139条は、それぞれどのように規定されていますか？

1 改正労基法36条

※傍線部分は改正部分／新たに罰則の対象となった箇所に網掛け

（時間外及び休日の労働）

第36条　使用者は、当該事業場に、労働者の過半数で組織する労働組合がある場合においてはその労働組合、労働者の過半数で組織する労働組合がない場合においては労働者の過半数を代表する者との書面による協定をし、厚生労働省令で定めるところによりこれを行政官庁に届け出た場合においては、第32条から第32条の5まで若しくは第40条の労働時間（以下この条において「労働時間」という。）又は前条の休日（以下この条において「休日」という。）に関する規定にかかわらず、その協定で定めるところによって労働時間を延長し、又は休日に労働させることができる。

2　前項の協定においては、次に掲げる事項を定めるものとする。

① この条の規定により労働時間を延長し、又は休日に労働させることができることとされる労働者の範囲

② 対象期間（この条の規定により労働時間を延長し、又は休日に労働させることができる期間をいい、1年間に限るものとする。第4号及び第6項第3号において同じ。）

③ 労働時間を延長し、又は休日に労働させることができる場合

④ 対象期間における1日、1箇月及び1年のそれぞれの期間について労働時間を延長して労働させることができる時間又は労働させることができる休日の日数

⑤ 労働時間の延長及び休日の労働を適正なものとするために必要な事項として厚生労働省令で定める事項

3　前項第4号の労働時間を延長して労働させることができる時間は、

当該事業場の業務量、時間外労働の動向その他の事情を考慮して通常予見される時間外労働の範囲内において、限度時間を超えない時間に限る。

4 前項の限度時間は、1箇月について45時間及び1年について360時間（第32条の4第1項第2号の対象期間として3箇月を超える期間を定めて同条の規定により労働させる場合にあっては、1箇月について42時間及び1年について320時間）とする。

5 第1項の協定においては、第2項各号に掲げるもののほか、当該事業場における通常予見することのできない業務量の大幅な増加等に伴い臨時的に第3項の限度時間を超えて労働させる必要がある場合において、1箇月について労働時間を延長して労働させ、及び休日において労働させることができる時間（第2項第4号に関して協定した時間を含め100時間未満の範囲内に限る。）並びに1年について労働時間を延長して労働させることができる時間（同号に関して協定した時間を含め720時間を超えない範囲内に限る。）を定めることができる。この場合において、第1項の協定に、併せて第2項第2号の対象期間において労働時間を延長して労働させる時間が1箇月について45時間（第32条の4第1項第2号の対象期間として3箇月を超える期間を定めて同条の規定により労働させる場合にあっては、1箇月について42時間）を超えることができる月数（1年について6箇月以内に限る。）を定めなければならない。

6 使用者は、第1項の協定で定めるところによって労働時間を延長して労働させ、又は休日において労働させる場合であっても、次の各号に掲げる時間について、当該各号に定める要件を満たすものとしなければならない。

① 坑内労働その他厚生労働省令で定める健康上特に有害な業務について、1日について労働時間を延長して労働させた時間 2時間を超えないこと。

② 1箇月について労働時間を延長して労働させ、及び休日において労働させた時間100時間未満であること。

③ 対象期間の初日から1箇月ごとに区分した各期間に当該各期間の直前の1箇月、2箇月、3箇月、4箇月及び5箇月の期間を加えたそれぞれの期間における労働時間を延長して労働させ、及び休日において労働させた時間の1箇月当たりの平均時間80時間を超えないこと。

7 厚生労働大臣は、労働時間の延長及び休日の労働を適正なものとするため、第1項の協定で定める労働時間の延長及び休日の労働について留意すべき事項、当該労働時間の延長に係る割増賃金の率その他の必要な事項について、労働者の健康、福祉、時間外労働の動向その他の事情を考慮して指針を定めることができる。

8 第1項の協定をする使用者及び労働組合又は労働者の過半数を代表する者は、当該協定で労働時間の延長及び休日の労働を定めるに当たり、当該協定の内容が前項の指針に適合したものとなるようにしなければならない。

9 行政官庁は、第7項の指針に関し、第1項の協定をする使用者及び労働組合又は労働者の過半数を代表する者に対し、必要な助言及び指導を行うことができる。

10 前項の助言及び指導を行うに当たっては、労働者の健康が確保されるよう特に配慮しなければならない。

11 第3項から第5項まで及び第6項（第2号及び第3号に係る部分に限る。）の規定は、新たな技術、商品又は役務の研究開発に係る業務については適用しない。

労働基準法上の罰則（119条で規定）の対象として、新たに第6項が規定されました。適正に締結した36協定（特別条項付きを含む）に基づいて時間外労働に従事させる場合も、次の時間が最大限となることが規定されています。

①坑内労働その他厚生労働省令で定める健康上特に有害な業務：
　1日2時間

②1か月の時間外労働（休日労働を含む）：
　100時間未満

③2か月・3か月・4か月・5か月・6か月のそれぞれの時間外労働の平均時間（休日労働を含む）：
　80時間以内

2 改正労基法119条

※傍線部分は改正部分

第119条　次の各号のいずれかに該当する者は、6箇月以下の懲役又は30万円以下の罰金に処する。

①　第3条、第4条、第7項、第16条、第17条、第18条第1項、第19条、第20条、第22条第4項、第32条、第34条、第35条、第36条第6項、第37条、第39条（第7項を除く）、第61条、第62条、第64条の3から第67条まで、第72条、第75条から第77条まで、第79条、第80条、第94条第2項、第96条又は第104条

第2項の規定に違反した者

②～④（略）

この規定により、改正労基法36条6項に違反した者は、6か月以下の懲役または30万円以下の罰金が科せられることになります。

3 改正労基法139条

※傍線部分は改正部分

第139条　工作物の建設の事業（災害時における復旧及び復興の事業に限る。）その他これに関連する事業として厚生労働省令で定める事業に関する第36条の規定の適用については、当分の間、同条第5項中「時間（第2項第4号に関して協定した時間を含め100時間未満の範囲内に限る。）」とあるのは「時間」と、「同号」とあるのは「第2項第4号」とし、同条第6項（第2号及び第3号に係る部分に限る。）の規定は適用しない。

2　前項の規定にかかわらず、工作物の建設の事業その他これに関連する事業として厚生労働省令で定める事業については、平成36年3月31日（同日及びその翌日を含む期間を定めている第36条第1項の協定に関しては、当該協定に定める期間の初日から起算して1年を経過する日）までの間、同条第2項第4号中「1箇月及び」とあるのは、「1日を超え3箇月以内の範囲で前項の協定をする使用者及び労働組合若しくは労働者の過半数を代表する者が定める期間並びに」とし、同条第３項から第５項まで及び第６項（第２号及び第３号に係る部分に限る。）の規定は適用しない。

非常に読みにくい条文なので、ちょっと噛み砕いてご説明しましょう。

第２項で、「工作物の建設の事業その他これに関連する事業として厚生労働省令で定める事業」（以下､「建設業」という）の適用猶予期間を定めています。具体的には、建設業については､「平成36年３月31日……までの間……同条第３項から第５項まで及び第６項（第２号及び第３号に係る部分に限る｡）の規定は適用しない｡」としています。

ここで「同条第３項から第５項」とは、労働基準法36条３項から５項までの部分のことで､この部分には､限度時間（１か月45時間･１年360時間）や､特別の事情のある場合（｢通常予見することのできない業務量の大幅な増加等に伴い臨時的に第３項の限度時間を超えて労働させる必要がある場合｣）の36協定における限度時間（現行制度の「特別条項」のことですが、改正法では休日労働を含みます）が定められています。さらに、６項は、時間外・休日労働をさせる場合の罰則付きの限度時間を定めています。

この36条６項は、罰則を規定する119条に新たに加えられ、この規定に違反した者は「６箇月以下の懲役又は30万円以下の罰金に処する｡」とされています。

36条６項で「平成36年３月31日……までの間」「適用しない」とされているのは､「第２号及び第３号に係る部分に限」ります。36条６項２号は､36協定に定めるところによって時間外・休日労働をさせる限度について、1か月の時間外・休日労働時間数を100時間未満にすることを定めており、3号は、1か月の時間外・休日労働時間数を2か月ないし6か月の平均でいずれも80時間以内とすることを定めています。したがって、平成36年（2024年）3月31日までの間（改正法施行後5年間）は、1か月の時間外・休日労働時間数を100時間未満にすること、1か月の時間外・休日労働時間数を2か月ないし6か月の平均でいずれも80時間以内とすることは、適用されないことになります。

このような経過措置が設けられたことで、建設業は、罰則付き時間外労働の上限規制について、5年間の猶予が認められたことになります。

森井博子がアドバイス！

条文に当たるのは苦手、という方もいらっしゃるかもしれませんね。ですが、どの部分が罰則適用の対象になるのかは、条文で確認しておくことも必要です。

罰条を規定している労働基準法119条1号、同法36条6項は、労働基準監督署が会社を違法な長時間労働で送検するときの、適用条文となります。

QUESTION-11

時間外労働の上限規制と施行期日

改正労働基準法で定められた、時間外労働の上限規制について教えてください。その内容は、どのようなものですか？ また、施行期日はどうなっていますか？

1 時間外労働の上限規制

(1) 労働時間の原則と、時間外労働についての労働基準法の規定

労働時間については、1日8時間、1週40時間が原則とされています（労働基準法32条）。時間外労働をさせる場合には、時間外・休日労働をさせるための労使協定（36協定）を労働基準監督署に届け出ることが必要です（同法36条）。

この36協定では、①時間外・休日労働の具体的事由、②業種の種類、③労働者の数、④1日および1日を超える一定の期間についての延長時間の限度、⑤有効期間――を記載する必要があります。

(2) 現行（改正前）の規制

36協定の「1日および1日を超える一定の期間についての延長時間の限度」については、告示（「時間外労働の限度に関する基準」平成10年12月28日労働省告示154号）で、「労働基準法第36条第1項の協定で定める労働時間の延長の限度等に関する基準」（限度基準）が定められています。

ただし、限度基準は、法的には「行政指導の根拠となるもの」にすぎません。これを守らない場合の罰則はなく、時間外労働・休日労働の上限についての強制力のある基準は存在していませんでした。

期　間	一般労働者 （右欄の欄以外の労働者）	１年単位の変形労働時間 （対象期間が３か月超の労働者）
１週間	15時間	14時間
２週間	27時間	25時間
４週間	43時間	40時間
１か月	45時間	42時間
２か月	81時間	75時間
３か月	120時間	110時間
１年間	360時間	320時間

《特別条項付き36協定》

限度基準を超えて時間外労働を行わせなければならない臨時的で特別な事情がある場合は、労使で次の事項について協定して、36協定に付すことにより限度基準を超えて時間外労働をすることができる。

①限度時間を超えて労働時間を延長しなければならない特別の事情
　※具体的かつ臨時的なものに限る。
②労使当事者間において定める手続きの方法
③一定期間についての延長時間を定めた当該一定期間ごとに上表の限度時間を超えて延長することができる時間と回数
　※１年の半分を超えることはできない。
④限度時間を超える時間の労働にかかる割増賃金率
　※法定割増賃金率の下限（２割５分）を超える率となるように努める。

《適用除外》

次に掲げる事業または業務については、限度基準告示を適用しない。

①工作物の建設等の事業
②自動車の運転の業務
③新技術、新商品等の研究開発の業務
④季節的要因等により事業活動もしくは業務量の変動が著しい事業もしくは業務または公益上の必要により集中的な作業が必要とされる業務として厚生労働省労働基準局長が指定するもの

（3）改正後の規制

今回、労働基準法を改正することにより、時間外労働の上限を法律で明記するとともに、守らない場合に罰則を与えることとして強制力を持たせました。

① 時間外労働の上限については、月 45 時間、年 360 時間が原則（1年単位の変形労働時間制の場合、月 42 時間、年 320 時間）となります。

☞改正労働基準法 36 条 4 項

図表 10 時間外労働の上限規制

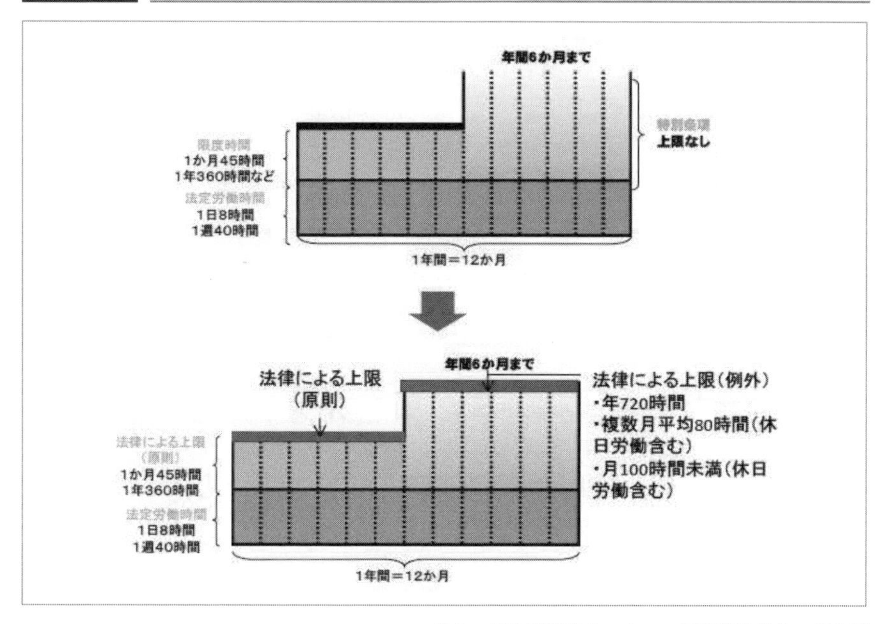

出典：厚生労働省ホームページ掲載資料を一部改編

② 臨時的な特別な事情がある場合でも、年720時間、単月100時間未満（休日労働を含む）、2か月ないし6か月平均で月80時間（休日労働を含む）が限度となります。 ☞改正労働基準法36条6項

③ 原則の時間外労働の上限（月45時間、1年単位の変形労働時間制の場合は42時間）を上回る月数は、1年について6か月以内（6回まで）です。 ☞改正労働基準法36条5項

2 罰 則

「休日労働を含み、単月100時間未満、2か月ないし6か月平均で月80時間」の限度を破った場合は、6か月以下の懲役または30万円以下の罰金に処せられます。 ☞改正労働基準法119条1号

3 適用猶予・適用除外の事業・業務

時間外労働の上限規制が適用猶予・適用除外となる事業・業務については、改正労働基準法で、次のとおり規定されています（なお、現行（改正前）は、限度基準告示で限度基準の適用除外が規定されていました）。

①建設事業 ☞139条
改正法施行5年後に、一般則を適用する。

ただし、災害時における復旧・復興の事業については、「1か月100時間未満、2か月ないし6か月平均で月80時間」の要件は適用しない。この点についても、将来的な一般則の適用について引き続き検討する旨を附則に規定する。

②自動車運転の業務　☞140条

改正法施行5年後に、時間外労働の上限規制を適用。上限時間は年960時間とし、将来的な一般則の適用について引き続き検討する旨を附則に規定する。

③医師　☞141条

改正法施行5年後に、時間外労働の上限規制を適用。具体的な上限時間等は省令で定めることとし、医療界の参加による検討の場において、規制の具体的あり方、労働時間の短縮策等について検討し、結論を得る。

④鹿児島県および沖縄県における砂糖製造業　☞142条

改正法施行後5年間は、「1か月100時間未満、2か月ないし6か月平均で月80時間」の要件は適用しない。改正法施行5年後に、一般則を適用する。

⑤新技術・新商品等の研究開発業務　☞36条11項

医師の面接指導（※）、代替休暇の付与等の健康確保措置を設けたうえで、時間外労働の上限規制は適用しない。

※時間外労働が一定時間を超える場合には、事業主は、その者に必ず医師による面接指導を受けさせなければならないこととする。

☞改正労働安全衛生法66条の8の2

施行期日

改正法の施行期日は2019年4月1日です。ただし、中小企業については、2020年4月1日となります（附則1条、3条）。

「中小企業」に該当するか否かは、「資本金の額または出資の総額」と、「常時使用する労働者の数」で判断されます（事業場単位ではなく、企業単位で判断します）。

	資本金の額 出資の総額		常時使用する 労働者数
小売業	5,000万円以下	または	50人以下
サービス業	5,000万円以下	または	100人以下
卸売業	1億円以下	または	100人以下
その他	3億円以下	または	300人以下

※業種分類は日本標準産業分類（第12回改定）に従っています。

森井博子がアドバイス！

建設業に対しては、罰則付き時間外労働の上限規制の適用が猶予されます。ただし、改正法施行5年後（2024年）の4月からは適用になりますので、これを見据えた対応策を講じておくことが求められます。

なお、2024年4月からの適用について、「中小企業の建設業への適用はさらに1年遅らせる」といった措置はとられていません。2024年4月には、規模にかかわらず、すべての建設業が適用となることに注意してくださいね。

QUESTION-12

時間外労働の上限規制の留意事項

時間外労働の上限規制の解釈上または実際上の留意事項としては、どのようなものがありますか？

1 解釈上の留意点

留意点１ 「1 か月 100 時間未満」

「未満」ですので、「100 時間ぴったり」は入りません。「100 時間ぴったり」まで働かせてしまうと、上限違反ということになり、改正労働基準法 36 条 6 項に違反することになります。

留意点２ 建設業の適用猶予

改正労働基準法 139 条では、適用猶予の対象を「工作物の建設の事業」としています。つまり、現場で働いている建設作業労働者だけではなく、建設会社で働いている営業や総務といった人たちも、猶予の対象となります。

留意点３ 医師の適用猶予

医師は、限度基準告示では適用除外とされていませんでした。しかし、改正労働基準法では、141 条で、医業に従事する医師について適用猶予としています。これは、医師法に基づく応召義務等の特殊性を踏まえた対応が必要との考えからだと思われます。

ただ、適用猶予されるのはあくまでも医師だけであり、看護師や事務職は適用猶予とはされていません。したがって、病院全体で見た場合、「医師」と「それ以外の職種」という、二重の基準があるということになります。

2 実務上の留意点

留意点 **休日労働の取扱い**

「単月100時間未満、2か月ないし6か月平均で月80時間」には、休日労働（労働基準法35条に定める1週1日または4週4日の法定休日の労働）の時間を含みます。しかし、「月45時間、年360時間、年720時間」を計算する場合には、休日労働の時間は含まれません。

従来、時間外労働と休日労働については、36協定の様式でも別に協定することとしていて記載も別ですし、割増賃金率も1.25%以上か1.35%以上ということで分けています。したがって、それぞれを管理する勤怠管理システムも、時間数を別にカウントすることになってくるでしょう。

今回、休日労働もカウントすることになったのは、過労死等の労災認定基準（平成13年12月12日基発1063号）の過労死ラインの考え方が持ち込まれたことによります。過労死等の労災認定をする場合には、時間外労働だけでなく、法定休日労働時間もカウントすることになっていることから、「単月100時間未満、複数月平均80時間」には、当然それらを含むことになります。

「月45時間、年360時間、年720時間」は時間外労働のみを管理し、「単月100時間未満、複数月平均80時間」については法定休日労働も入れて管理することが必要になりますが、時間管理の仕方が2種類となり煩雑になることから、データ管理等も注意深く行っていく必要があります。「時間外労働時間と法定休日労働の労働時間の合計をすぐに出すことができる」体制を、今から整備しておきましょう。

3 法遵守上の留意点

留意点　監督との関連

労働時間の違反は、現在でも多く存在しており、監督を実施した事業場の約4分の1に、労働時間についての違反（労働基準法32条違反。時間外労働に関する協定（36協定）の締結・届出がないのに、労働者に法定労働時間を超えて時間外労働を行わせているもの。また、協定の締結・届出はあるが、協定で定めた時間外労働の限度時間を超えて時間外労働を行わせているもの）が認められます。特に「協定で定めた時間外労働の限度時間を超えて時間外労働を行わせているもの」は相当数あると思われます。限度時間自体の管理も十分できていないで違反となるケースです。

今後は、さらに「単月100時間未満、2か月ないし6か月平均で月80時間」という新たな基準ができるということ、そこには法定休日労働時間も入るということに注意する必要があります。

時間外労働の上限規制は罰則付きとなりましたので、これに違反をしてそれが悪質ということになれば、送検の対象ともなります。時間外労働や法定休日労働が多いところは、法を遵守できる業務体制を構築するため、業務全体の見直しや労働者の再配置等を行う必要が出てくるでしょう。

森井博子がアドバイス！

現在、建設業は、限度基準告示の上限規制の対象となっていないだけで、それ以外は労働基準法の労働時間の規定が適用となります。また、2024 年 4 月からは、罰則付き時間外労働の上限規制も適用となります。法を遵守するための体制を、今から構築しておくことも必要です。

Check! あなたの会社（現場）の状況はどうですか？

①時間外労働時間の把握は、一応している。
②法定休日労働については、有無だけを把握して、その労働時間の把握はしていない。
③時間外労働時間と法定休日労働の労働時間は、それぞれ管理しているので、合計するのに手間がかかる。
④時間外労働時間と法定休日労働の労働時間は、それぞれ管理しているが、その合計時間はすぐに出すことができる。

⇒ ①なら……

きちんと把握できているか心配ですね。時間外労働時間は、「労働時間適正把握ガイドライン」（QUESTION-17 2）に基づいて、適切に把握してください。

②なら……

法定休日労働についても、労働時間の把握が必要です。「労働時間適正把握ガイドライン」（QUESTION-17 2）に基づいて、適切に把握してください。

③なら……

「月 45 時間、年 360 時間、年 720 時間」は時間外労働時間のみでカウントしますが、「単月 100 時間未満、複数月平均 80 時間」については、法定休日労働の労働時間も入れてカウントします。時間外労働時間と法定休日労働の労働時間の合計は、すぐに出せるようにしておきましょう。

④なら……

あなたの会社（現場）は OK です！

QUESTION-13

労働安全衛生法の改正と建設業

今回、労働安全衛生法が改正されて労働時間の把握義務が規定されましたが、これは、当初は厚生労働省令で規定するはずだったところ法律に格上げされたそうですね。どのような条文が法律で規定されたのでしょうか？ これは建設業にも適用されるのですか？

1 改正労働安全衛生法の規定

※傍線部分は改正部分／網掛けは筆者

第66条の8の3　事業者は、第66条の8第1項又は前条第1項の規定による面接指導を実施するため、厚生労働省令で定める方法により、労働者（次条第1項に規定する者を除く。）の労働時間の状況を把握しなければならない。

＊第66条の8第1項は、新たな技術、商品等の研究開発に係る業務および高度プロフェッショナル業務を除く厚生労働省令で定める要件に該当する労働者は、医師による面接指導を行わなければならないとするもの

＊前条第1項とは、第66条の8の2第1項で、新たな技術、商品等の研究開発に係る業務に従事する厚生労働省令で定める要件に該当する労働者は、医師による面接指導を行わなければならないとするもの

＊次条第1項に規定する者とは、高度プロフェッショナル業務を行う者

今回の労働安全衛生法改正では「長時間労働発生時の医師による面接指導」の強化が規定されました（66条の8～66条の9）。事業者がこの長時間労働発生時の義務を果たすためには、時間外労働時間の正確な把握が求められます。そこで、66条の8の3で、労働時間の状況を把握する義務が定められました。

2 労働時間の把握義務

改正労働安全衛生法66条の8の3の規定からすると、高度プロフェッショナル業務を行う労働者を除く労働者に対しては、厚生労働省令で定める方法により、労働者の労働時間の状況を把握しなければなりません（高度プロフェッショナル業務に従事する労働者は、改正労働基準法41条1項3号で健康管理時間を把握する措置を使用者が講ずることとしているため、除外されたものです）。

労働時間の把握の方法等の詳細は、厚生労働省令で定められることになります。法案要綱の段階では、「全ての労働者を対象として、労働時間の把握について、客観的な方法その他適切な方法によらなければならないものとする旨を厚生労働省令で定めることとする。」とあったので、今回も、その流れを汲んだものと思われます。

労働時間の把握については、「労働時間の適正な把握のために使用者が講ずべき措置に関するガイドライン」（2017年1月20日策定）が出されています。ただ、このガイドラインの対象となる労働者は、「労働基準法41条に定める者およびみなし労働時間制が適用される労働者を除くすべての労働者」とされていて、すべての労働者が対象とされているわけではありません。「労働基準法41条に定める者」とは管理監督者等、「みなし労働時間制が適用される労働者」とは、①事業場外で労働する者であって労働時間の算定が困難なもの（労働基準法38条の2）、②専門業務型裁量労働制が適用される者（同法38条の3）、③企画業務型裁量労働制が適用される者（同法38条の4）のことですが、これらの労働者は、このガイドラインの適用対象から除外されているのです。

今回の法改正は、このガイドラインの適用対象から除外された労働者にも対象を広げて、労働時間の把握義務を課しています。これは、管理監督者や裁量労働制等のみなし労働時間制を適用されている人については、実労働時間で割増賃金を支払う体制になっていないので実労働時間に対する管理がおろそかになっているが、こうした人についても健康管理をするための労働時間の把握は必要ではないか、という趣旨だと考えられます。管理監督者等やみなし労働時間制をとっている労働者にも過労死等による労災は起こり得ますので、労働時間の適正把握は必要なものとなるからです。

割増賃金を支払うべく実労働時間を管理している通常の労働者はもちろん、管理監督者や裁量労働制等のみなし労働時間制の対象労働者、そして労働安全衛生法66条の8の2で規定する「新技術・新商品等の研究開発業務に従事する者」についても、労働時間を客観的に適正把握して健康管理をすることを事業主に義務づけるということになります。

3 建設業への適用

労働安全衛生法66条の8の3については、建設業に対する除外条文はありません。よって、建設業も適用となります。

今後は、厚生労働省令で示される労働時間の状況の把握の方法等に注意する必要があります。

森井博子がアドバイス！

建設業においても､労働時間の状況の把握は行わなければなりません。この点、健康管理の観点から労働時間の把握が大切であることはもちろん、「長時間労働かどうか」を判断するにも、労働時間の把握ができていなければ、これを適切に判断することはできません。労働時間の把握は、時間管理の基本です。これまで十分に取り組んでこなかった企業においては、“今”から取り組む必要があります。

memo

第３章

建設業の過重労働対策

QUESTION－14

過労死ラインと過重労働対策

最近、長時間労働の問題が社会的にも注目を集めていますが、この問題が取り上げられる際には、「過労死ライン」という言葉がよく出てきます。この過労死ラインについて教えてください。

また、過労死等を引き起こす過重労働に対して、国はどのような対策を講じているのですか？

1 過労死ライン

かつて、厚生労働省は、疲労の蓄積をもたらす長期間の過重労働について、なかなか業務による過重負荷とは認めず、過労死・過労自殺があっても、「労災」（業務上）としては認めていませんでした。しかし、過労死・過労自殺裁判のリーディング・ケースとなる電通事件判決（最2小判2000年3月24日）が出た後、2000年7月17日の2つの最高裁判決（横浜南署長（東京海上横浜支店）事件、西宮署長（大阪淡路交通）事件）で、この厚生労働省の考え方は否定されました。

これにより、「脳・心臓疾患の認定基準に関する専門検討会」が設けられて過労死・過労自殺の労災認定基準が検討されることとなり、その結果を踏まえて、新たな認定基準が策定されました（「脳血管疾患及び虚血性心疾患等（負傷に起因するものを除く。）の認定基準」平成13年12月12日基発1063号）。この新基準の考え方の基礎となった医学的知見が、その後一般的に「過労死ライン」と呼ばれるようになりました。これは、長時間労働の危険性を示す基準ともなっています。

2 脳・心臓疾患の認定基準の基礎となった医学的知見

新認定基準（平成13年12月12日基発1063号）では、労働時間と脳・心臓疾患の発症との関連性について、次のとおりの医学的知見が示されています。

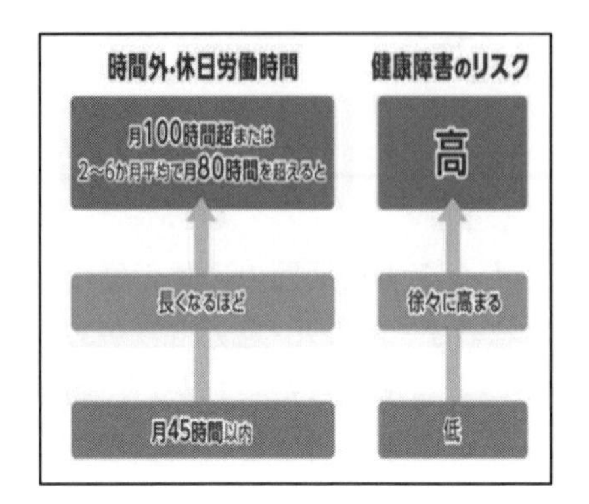

発症前1か月間に概ね100時間を超える時間外・休日労働が認められる場合、発症前2か月間ないし6か月間にわたって、1か月当たり概ね80時間を超える時間外労働が認められる場合は、業務と発症との関連性は強いと判断される。

この基準は、これを超えると「過労死」となることから、「これを超えないように各企業が努力することで過労死の防止につながる」ものとして機能するようになっています。

今回の罰則付き時間外労働の上限規制（改正労働基準法36条6項）でも、特別条項においても上回ることのできない上限として、「①休日労働を含み、2か月ないし6か月平均で80時間、②休日労働を含み、単月で100時間未満等」との基準が盛り込まれています。

3 過重労働に対する対策

労災認定基準は示されましたが、そもそも過労死・過労自殺を発生させないための対策も必要となります。そこで厚生労働省は、2002年（平成14年）2月12日に、「過重労働による健康障害防止のための総合対策について」（基発0212001号）を発出しました。この通達は、労働安全衛生法の改正等に合わせて何度か改定・改正されていますが（平成18年3月17日基発0317008号、改正：平成20年3月7日基発0307006号、改正：平成23年2月16日基発0216第3号、改正：平成28年4月1日基発0401第72号)、現在も、この通達に基づいて労働基準監督署の監督指導が行われています。

この通達では、「長時間にわたる過重な労働は、疲労の蓄積をもたらす最も重要な要因と考えられ、さらには、脳・心臓疾患の発症との関連性が強いという医学的知見が得られている。働くことにより労働者が健康を損なうようなことはあってはならないものであり、この医学的知見を踏まえると、労働者が疲労を回復することができないような長時間にわたる過重労働を排除していくとともに、労働者に疲労の蓄積を生じさせないようにするため、労働者の健康管理に係る措置を適切に実施することが重要である。」として、①長時間にわたる過重労働の排除、②労働者の健康管理に係る措置――という二大テーマが示されています。

また、次の4つの具体的対策が示されており、これは現在も継続しています。

①時間外・休日労働時間の削減

②年次有給休暇の取得促進

③労働時間等の設定の改善

→労働者の健康と生活に配慮するとともに多様な働き方に対応したものに改善

④労働者の健康管理に関する措置の徹底

i. 健康管理体制の整備および健康診断の実施

ii. 長時間にわたる時間外・休日労働を行った労働者に対する面接指導等

iii. ストレスチェック制度の実施

iv. 過重労働による業務上の疾病を発生させた場合の原因の究明と再発防止

森井博子がアドバイス！

改正労働基準法の罰則付き時間外労働の上限規制（改正法36条6項）にまで影響を及ぼしている、いわゆる「過労死ライン」の大本は、それまでの厚生労働省の考え方が最高裁で否定されて、新しい基準として示された脳・心臓疾患の労災認定基準（平成13年12月12日基発1063号）の根拠となる医学的知見でした。この基準は、示されて以降、これを超えると「過労死」となることから、「これを超えないようにすることで過労死を防止するための基準」として機能しています。そして、この基準として示されている時間は、時間外労働だけでなく、休日労働も含め計算されます。

今回の罰則付き時間外労働の上限規制は、過労死を防止するための基準を法律に取り入れたものです。建設業は過労死等のリスクが高い業種ですので（☞ QUESTION-19 2）、建設業こそ時間外労働の上限規制を率先して守り、過労死等を発生させないようにするべきでしょう。

QUESTION-15

長時間労働の取締りの流れ

報道等を見ていると、近時は、労働者に違法な長時間労働を行わせた企業に対して厚生労働省が強制捜査を行い、その結果送検されて、社長が辞任するような事態にまでなっている例もあります。厚生労働省は、なぜここまで厳しく長時間労働を取り締まるようになったのですか？

1 取締り強化のターニング・ポイント ～2014年度の動き

2014年は、「長時間労働を厳しく取り締まる」という流れが明確になった、ターニング・ポイントとなった年といえます。

その背景として、過労死等が一向に減少せず、国際的にも「Karoushi」として知られるようになったこと、また、過労死等にも至る「若者の使い捨て」が疑われる企業や「ブラック企業」と呼ばれる劣悪な雇用管理を行う企業の存在が、社会問題として国民に強く意識されるようになったことが挙げられます。2013年には、ジュネーブで開催された国連社会権規約委員会の日本審査の場に過労死遺族の代表が参加して日本の過労死問題を訴えたところ、委員会が日本政府に過労死・過労自殺の防止措置を勧告した、という出来事もありました。

このような状況を踏まえて、2014年には、以下の動きがありました。

【「日本再興戦略」改定2014（6月24日）】

「日本再興戦略」は、第2次安倍内閣が掲げる成長戦略で、2013年6月に閣議決定され、その後毎年改定が行われています。

2014年の改定（6月24日閣議決定）で、「働き方改革の実現」の中の①として「働き過ぎ防止のための取組強化」が掲げられ、「『世界トップレベルの雇用環境の実現』の大前提として、働き過ぎ防止に全力で取り組む。このため、企業等における長時間労働が是正されるよう、監督指導体制の充実強化を行い、法違反の疑いのある企業等に対して、労働基準監督署による監督指導を徹底するなど、取組の具体化を進める。」とされました。

【過労死等防止対策推進法の成立・施行】

超党派の議員立法で、過労死等防止対策推進法（以下、「過労死防止法」という）が6月20日に成立、11月1日より施行されました。同法では、過労死等を防止するための対策を効果的に推進することを「国の責務」とすることが明記されています（4条）。

同法の成立を受けて、厚生労働省（本省）では、労働基準局総務課に「過労死防止対策推進室」を設け、法で規定する対策を推進していますが、この法律の施行過程では、過労死等防止対策推進シンポジウムのように遺族やそれを支える弁護士等と国との協力が必要な場面もあり、場合によっては対立関係にあった双方の理解も進んだといえます。

図表 11　長時間労働削減推進本部の体制図

長時間労働削減推進本部

【趣旨】
「日本再興戦略」改訂2014（平成26年6月24日閣議決定）において、「働き過ぎ防止のための取組強化」が盛り込まれたところ。また、本年6月に「過労死等防止対策推進法」が成立し、長時間労働対策の強化は喫緊の課題。
　こうした状況の中、大臣を本部長とする「長時間労働削減推進本部」を設置し、長時間労働対策について、省をあげて取り組むこととする。

本　部　長　厚生労働大臣
本部長代理　厚生労働副大臣（労働担当）、厚生労働大臣政務官（労働担当）
事 務 局 長　労働基準局長
構　成　員　大臣官房総括審議官（国会担当）、大臣官房審議官（労働条件政策担当）、大臣官房審議官（賃金、社会・援護・人道調査担当）、安全衛生部長

過重労働等撲滅チーム

主査　大臣官房審議官（労働条件政策担当）

働き方改革・休暇取得促進チーム

主査　大臣官房審議官（賃金、社会・援護・人道調査担当）

＊　各チームの構成員は、労働基準局内の関係課長等から構成。
＊　過重労働等撲滅チームの下に、労働基準局及び労働基準監督署の若手職員からなる推進チームを設置。　1

出典：厚生労働省ホームページ

【長時間労働削減推進本部の設置】

さらに、9月30日に、厚生労働省に「長時間労働削減推進本部」が設置されました。これは、長時間労働対策の強化が喫緊の課題となっていることから、長時間労働対策について省をあげて取り組むために、厚生労働大臣を本部長として設置されたものです。そして、この時、本部に「過重労働等撲滅チーム」が設けられました。

2　2015年度の動き

2015年4月には、監督指導・捜査体制を強化するため、東京労働局と大阪労働局に、過重労働事案であって、複数の支店において労働者に健康被害のおそれがあるものや犯罪事実の立証に高度な捜査技術が必要となるもの等に対する特別チーム「過重労働撲滅特別対策班」(通称「かとく」)が新設されました。東京かとくは株式会社エービーシー・マートおよび株式会社ドン・キホーテを、大阪かとくは株式会社フジオフードシステムを、違法な長時間労働を行わせたこと等により労働基準法違反として書類送検しています。

3　2016年度の動き

2016年度には、監督指導・捜査体制の整備として、4月に本省に「過重労働撲滅特別対策班」(「本省かとく」)を新設して、企業本社への監督指導、労働局の行う広域捜査活動を迅速かつ的確に実施できるよう、労働局に対し必要な指導調整を実施することになりました。また、すべての労働局に「過重労働特別監督監理官」を新設して、長時間・過重労働にかかる司法処理事案の監理等を行わせることとしました。

また、「日本再興戦略」改定2016（6月2日閣議決定）では、「労働基準法の執行を強化する観点から、労働基準法の内容や相談窓口の周知徹底を改めて図るとともに、監督指導の強化を実効あるものとするため、必要な人員体制の整備を含め、監督指導・捜査体制の強化を行う。」として、監督指導・捜査体制の強化が明言されています。

4 電通過労自殺事案の捜査

2015年12月に株式会社電通の新入社員が過労自殺した事件は、連日マスコミ等でも大きく取り上げられたことから、強烈な印象を持っている方も多いでしょう。この事件では大規模な強制捜査が行われ、幹部と電通が書類送検、電通は起訴されました。

近時の長時間労働に対する取締りの強化の流れを見てみると、電通の過労自殺事案を事件として捜査していく土壌はできていたことがわかります。特に2016年度は本省かとくが新設されており、地方の労働局に範を示す本省の立場からすれば大型事件捜査には意欲を持っていたところですし、事件になるような案件には積極的に取り組む準備はできていたはずです。

電通の新入社員が過労自殺した案件が労災認定されたことは、すでにマスコミ等で報道されていましたので、その刑事責任を追及するための捜査を行うということは、国民から見てもわかりやすいものでした。「働き方改革を企業に迫る事件」として、大掛かりな強制捜査（捜索・差押え）をする姿には大きなインパクトがあり、働き方改革の実現に真剣に取り組んでいくという意気込みをアピールすることができたともいえます。

森井博子がアドバイス！

電通事件では、労働者に長時間・過重労働を行わせたことで、社長が辞任にまで追い込まれました。「長時間・過重労働の問題は、大企業の社長の引責辞任を引き起こす要因にもなるものであり、経営リスクともなるものである」ということが示されたものといえます。

長時間労働削減に関する国の施策は、今後も強化されると考えられます。特に建設業においては、長時間・過重労働の観点から行われる労働基準監督署の監督指導が従来にも増して多くなると考えられるところであり（☞ QUESTION-19・QUESTION-20）、必然的に「かとく案件」として捜査対象となるリスクが高まっています。このような流れにあって、建設業には、“今”から的確な長時間・過重労働対策を講じておくことが求められています。

QUESTION-16

電通事件判決

電通事件はマスコミ等での報道もあり大きな注目を集めましたが、最終的に、この事件の判決はどのようなものだったのでしょうか？ 電通事件判決を教訓に、今後企業はどのようなことに気をつけなければなりませんか？

1 事件の経過

電通事件の経過は、次のとおりです。

2015年
　12月　労働者自殺

2016年
　9月　過労死として労災認定
　10月　厚労省が電通本社に立入調査
　11月　電通本社・3支社強制捜査
　12月　電通・本社幹部職員書類送検、社長辞任

2017年
　4月　3支社の幹部3人と電通を書類送検
　7月6日　東京地検が法人としての電通を略式起訴
　7月12日　東京簡裁 略式不相当決定
　9月22日　公判　社長出廷　罰金50万円求刑
　10月6日　東京簡裁 罰金50万円判決

2 「異例尽くし」の捜査

この事件の捜査は、厚生労働省の捜査史上かつてなかった「異例尽くし」の展開だったといわれています。

捜査の範囲という観点では、本社と大阪・名古屋・京都の4か所を一斉に強制捜査（捜索・差押え）しています。このような広域の同時期・一斉捜査は、規模からすると「初めて」といってよいでしょう。

また、捜査のスピードという観点からは、通常であれば1年程度の時間を要する事件であるところ、12月には本社幹部と法人としての電通を送検しており、「異例のスピード捜査」といえると思います。

3 異例の「不相当」の決定

厚生労働省の送検後、検察庁は2017年7月5日に法人としての電通を労働基準法違反罪で東京簡裁に略式起訴し、各管理職個人については悪質性が確認できなかったとして不起訴としました。しかし、同年7月12日に、東京簡裁は、電通を略式起訴とした処分について「不相当」と判断し、正式裁判を開くことを決定しています。

「略式不相当」は、100万円以下の罰金か科料となる事件で、検察官が被疑者の同意を得て略式起訴した案件について、簡易裁判所が略式命令を出すのはふさわしくないと判断した場合に示されるものです（刑事訴訟法463条に規定されています）。事件が複雑で、事実関係を明らかにする必要がある場合や、検察官と量刑の意見が大きく異なる場合に出されます。「略式不相当」とされるのは2016年では0.02％にとどまり、相当低い確率ということになりますから、東京簡裁の決定は「異例」と報道されました。

このような異例の決定がなされた背景には、「社会の目、市民感覚が東京簡裁の判断に影響を与えた」とか、「東京簡裁には、最近の長時間労働や、ブラック企業に対する世間の懸念を踏まえ、事件と向き合わせることで、電通に反省を深めさせる意図があった」とかいったことがある、といわれています。

4 判　決

2017年9月22日に公判が開かれ、電通からは社長が出廷して、謝罪を行いました。検察官は「社益を優先して労働者の心身の健康を顧みない姿勢が引き起こした。違法な残業を指摘されると、社員の増員や業務量の削減といった長時間労働の抜本的な是正策は講じず、その場しのぎの対応に終始する電通のずさんな労務管理だった。」と指摘して罰金50万円を求刑し、10月6日に求刑どおり、罰金50万円の判決が下されました。

以下は、判決文の抜粋です（下線は筆者）。

「その違法な時間外労働時間は、4名の労働者について、それぞれ3時間30分から19時間23分に及んでいるところ、元より被告会社においては、1日の所定労働時間が7時間とされ、土日祝日及び年末年始が休日とされていたことから、上記協定による時間外労働時間の上限は1か月に50時間ではあるものの、所定外労働時間の上限が70時間まで可能であったところ、さらにこの上限を超過して違法な時間外労働をさせたというのであり、その態様は軽視し得るものではない。各労働者に対して与えた影響についても、自殺するに至り、労働基準監督署から長時間労働に起因して亡くなったとして労働災害認定がされた者もいるのであって、尊い命が奪われる結果まで生じていることは看過できない。

そもそも被告会社は、東京都C区に本店である東京本社を置き、広告及び広報に関する企画及び制作等を営む会社であるが、資本金約747億円、年間売上げ約1兆6000億円、従業員数約7000人を有する日本を代表する企業の一つであり、また、広告代理店としては最大手の企業であって、労働関係法規を順守し、労働環境の適正化にも率先して取り組むべき立場にあるというべきところ、むしろ、被告会社では、本件各犯行に至るまで違法な長時間労働が常態化していたとみられる。被告会社においては、前記協定の上限を超える長時間労働を行う労働者が全体で毎月1400人前後いた時期もあって、平成26年6月に被告会社の関西支社が、平成27年8月に東京本社がそれぞれ労働基準監督署から是正勧告を受けることになったにもかかわらず、その対応は、労働基準法違反を続けると悪質な企業として社名を公表されたり、官公庁の入札指名停止処分を受けるなどして、最終的には東京オリンピック・パラリンピック関連の業務を受注する機会を失う事態になるということを避けるという専ら被告会社の利益を目的として行われ、それゆえ法定時間外労働がより長時間可能となるように時間外労働時間及び休日労働に関する協定を改定するなどして形式的に違法状態を解消しようとするなどの対応に終始した。労働者の増員や業務量の削減などの抜本的対策が講じられることはなく、労働時間削減のための具体的な対応は、個々の労働者及び労働時間の管理を行う部長らに任されており、労働者らにおいて、具体的な勤務時間削減のための方策を見いだせないまま、いわゆるサービス残業も蔓延する状態となっていた。本件各犯行は、被告会社における以上のような労働環境の一環として生じたと認められるのであって、本件各犯行に至る経緯からしても、被告会社の刑事責任は重いといわざるを得ない。」

労働基準監督署から指摘を受けていたにもかかわらず、労働者の増員や業務量の削減などの抜本的対策が講じられることはなく、専ら電通の利益を目的として形式的に違法状態を解消しようとするなどの対応に終始したことで、「刑事責任は重いと言わざるを得ない」との判断がなされたことが、下線部分からわかります。これは、この判決を読む時のキーポイントとなる箇所です。簡易裁判所の判決ではありますが、注目度の高い判決であり、長時間労働の違法性を断じた重要な判決といえると思います。

森井博子がアドバイス！

電通事件判決を踏まえて、注意いただきたいのは次の２点です。

１点目は、裁判官が労働基準監督署の監督指導を重視しているということ。裁判所が刑事責任の重さを判断するときには、労基署がどのような是正勧告を行い、それに対して会社がどのように対応したかを詳細に見ています。これは決して電通事件に限ったことではなく、「労基署の是正勧告に対する企業の対応の仕方」を重視するのは、他の裁判例でも多く認められます。

２点目は、裁判官は、「違法とされている事項の抜本的解決のために、会社がどうすべきであるか」に着目しているということ。これは、監督官の監督指導の真髄（「違法とされている事項の抜本的解決を目指す」）と共通しているところがあります。形式的に違法状態が解消されればよいと、小手先の対応を繰り返していると、最終的には刑事責任を負うことになるというリスクについて、警鐘を鳴らす判決であるともいえるでしょう。

これらを踏まえれば、もし監督官から是正勧告書を交付されたら、それを真摯に受け止めて、抜本的な是正に向かって対応するべきである、とアドバイスさせていただきます（ちなみに、多くの監督官は、「会社に本気で違反状態の抜本的是正をするつもりがある」のか否か、ある程度見抜くことができますよ）。

QUESTION-17

「『過労死等ゼロ』緊急対策」を踏まえた労基署の監督指導

「『過労死ゼロ』緊急対策」では、違法な長時間労働を許さない取組みの強化が挙げられています。中でも「労働時間適正把握ガイドライン」は、2018 年度の労働行政運営方針でも、「監督指導時にガイドラインに基づく労働時間管理を確認すること」とされています。

これらに対し、企業としては、どのような点に留意して対応すればよいのでしょうか？

1 「『過労死ゼロ』緊急対策」

電通事件を受けて、「『過労死等ゼロ』緊急対策」が出されました（2016年12月26日）。その概要は、次のとおりです。

【違法な長時間労働を許さない取組みの強化】

①新ガイドラインによる労働時間の適正把握の徹底

企業向けに新たなガイドラインを定め、労働時間の適正把握を徹底する。

②長時間労働等にかかる企業本社に対する指導

違法な長時間労働等を複数の事業場で行うなどの企業に対して、全社的な是正指導を行う。

③是正指導段階での企業名公表制度の強化

過労死等事案も要件に含めるとともに、一定要件を満たす事業場が2事業場生じた場合も公表の対象とするなど対象を拡大する。

④ 36協定未締結事業場に対する監督指導の徹底

【メンタルヘルス・パワハラ防止対策のための取組みの強化】

①メンタルヘルス対策にかかる企業本社に対する特別指導

複数の精神障害の労災認定があった場合には、企業本社に対して、パワハラ対策も含め個別指導を行う。

②パワハラ防止に向けた周知啓発の徹底

メンタルヘルス対策にかかる企業や事業場への個別指導等の際に、「パワハラ対策導入マニュアル」等を活用し、パワハラ対策の必要性、予防・解決のために必要な取組み等も含め指導を行う。

③ハイリスクな方を見逃さない取組みの徹底

長時間労働者に関する情報等の産業医への提供を義務づける。

【社会全体で過労死等ゼロを目指す取組みの強化】

①事業主団体に対する労働時間の適正把握等についての緊急要請

②労働者に対する相談窓口の充実

労働者から夜間・休日に相談を受け付ける「労働条件相談ほっとライン」の開設日を増加し、毎日開設するなど相談窓口を充実させる。

③労働基準法等の法令違反で公表した事案のホームページへの掲載

対策の1つとして、労働時間の適正把握のための新しいガイドラインを定めることが挙げられています。

労働時間の適正把握については、従来、「労働時間の適正な把握のために使用者が講ずべき措置に関する基準」（平成13年4月6日基発339号労働基準局長通達。以下、「労働時間適正把握基準」という）が示されていました。ただ、これは厚生労働省労働基準局長から都道府県労働局長に指示されていた内部通達です。これに対し、新ガイドラインは、対外的に、使用者向けに労働時間の適正把握のためのガイドラインとして新たに定めることとされました。つまり、ガイドラインにすることによって「企業に守らせる」ということを明確にしているので、これに基づく労働基準監督署の監督指導も厳しくなることになります。

また、違法な長時間労働を労働者にさせていた企業の社名を公表する対象を広げ、違法残業が相次いで見つかった企業について、本社を対象に全社的な是正指導に乗り出すこととしています。さらにメンタルヘルス対策として、複数の精神障害の労災認定があった場合は、企業本社に対してパワハラ対策も含めて個別指導を行うとしています。それぞれ従来より指導が強化されることになりますので、各企業においては、これらの点に留意した自社の点検・見直しが必要となります。

2 「労働時間適正把握ガイドライン」のポイント

新ガイドラインは、2017年1月20日に、「労働時間の適正な把握のために使用者が講ずべき措置に関するガイドライン」(以下、「労働時間適正把握ガイドライン」という)として策定されました。行政運営方針でも「監督指導時に労働時間適正把握ガイドラインに基づく労働時間管理を確認すること」とされていますので、労働基準監督署の監督指導に対応するためには、このガイドラインについてしっかり理解しておくことが必要となります。

対応のポイントとしては、従来の「労働時間適正把握基準」と、今回の「労働時間適正把握ガイドライン」の相違を見ることが重要になります。電通事件を踏まえて、ガイドラインには多くの箇所が書き加えられていますが、そこが大事なところであるといえます。

(1) 労働時間の定義の明確化

労働時間適正把握ガイドラインには、「労働時間の考え方」が記載されています。「労働時間とは何なのか」という点については労働基準法に規定がなく、労働時間性の有無について争われてきましたが、いくつかの判例によって、次第に「労働時間」の概念がはっきりしてきました。ガイドラインでは、「労働時間とは、使用者の指揮命令下に置かれている時間のこと」と、厚生労働省として初めて定義を行い、労働時間の概念が明確にされています。

また、「労働時間に該当するか否かは、労働契約、就業規則、労働協約等の定めのいかんによらず、労働者の行為が使用者の指揮命令下に置かれたものと評価することができるか否かにより客観的に定まるものであること。また、客観的に見て使用者の指揮命令下に置かれていると評価されるかどうかは、労働者の行為が使用者から義務づけられ、又はこれを余儀なくされていた等の状況の有無等から、個別具体的に判断されるものであること。」とされています。これは、三菱重工長崎造船所事件（最1小判2000年3月9日）で示された労働時間の考え方を取り入れたものといえます。

さらに、「労働時間として取り扱うべき時間」についても、次のとおり例示されています。

①使用者の指示により、就業を命じられた業務に必要な準備行為（着用を義務づけられた所定の服装への着替え等）や業務終了後の業務に関連した後始末（清掃等）を事業場内において行った時間

②使用者の指示があった場合には即時に業務に従事することを求められており、労働から離れることが保障されていない状態で待機等している時間（いわゆる「手待時間」）

③参加することが業務上義務づけられている研修・教育訓練の受講や、使用者の指示により業務に必要な学習等を行っていた時間

(2) 自己申告制

労働時間適正把握ガイドラインでは、労働時間の適正な把握のために使用者が講ずべき措置について、「自己申告制により始業・終業時刻の確認及び記録を行う場合の措置」の内容に注意事項が加えられています。

①中間管理職等、実際に労働時間を管理する者に対しても、十分な説明を行うこと

②事業場内にいた時間のわかるデータを有している場合に、労働者からの自己申告により把握した労働時間と当該データでわかった事業場内にいた時間との間に著しい乖離が生じているときには、実態調査を実施し、所要の労働時間の補正をすること

③自己申告した労働時間を超えて事業場内にいる時間についての理由の報告をさせる場合には、当該報告が適正に行われているかについて確認し、休憩や自主的な研修教育訓練、学習等であるため労働時間ではないと報告されていても、実際には、使用者の指揮命令下に置かれていたと認められる時間については、労働時間として扱わなければならないこと

④ 36 協定で延長することができる時間数を超えて労働しているにもかかわらず、記録上これを守っているようにすることが、労働時間を管理する者や労働者等において、慣習的に行われていないかについても確認すること

これらは、従来、自己申告制で問題が生じてきた原因を念頭に置いたものです。

(3) 賃金台帳の適正な調製

労働時間適正把握ガイドラインでは、さらに、「賃金台帳の適正な調製」が加わっています。監督指導の場面で、労働基準法108条において記載しなければならないとされている休日労働時間数・時間外労働時間数・深夜労働時間数が記載されていないものも見受けられるところですが、ガイドラインに基づいて、今後は従来以上に確認されることになるでしょう。

3 時間外労働協定（36 協定）の注意点

行政運営方針では、「使用者、労働組合等の労使当事者が時間外労働協定を適正に締結するよう、協定当事者に係る要件も含め、関係法令の周知を徹底するとともに、特別条項において限度時間を超える時間外労働に係る割増賃金率を定めていないなどの不適正な時間外労働協定が届け出られた場合には、『時間外労働の限度に関する基準』（平 10 年労働省告示第 154 号）等に基づき指導を行う」としており、36 協定については指導対象として重視しています。

なお、36 協定については、建設業の場合、他業種と異なる点があることに注意しなければなりません。「建設業における労働基準法の適用単位について」の通達（昭和 63 年 9 月 16 日基発 601 号の 2）では、「建設現場については、現場事務所があって、当該現場において労務管理が一体として行われている場合を除き、直近上位の機構に一括して適用すること」とされています。そこで、施工している工事の現場事務所がある場合は、原則的には現場を 1 つの単位事業場として 36 協定を締結して、所轄労基署に届出する必要があります（同様に、適用事業報告、常時労働者が 10 人以上いる場合には就業規則届も必要です。これらは、「労基関係の 3 点セット」といわれています）。下請についても、上記通達に当てはまれば、その下請会社独自の届出が必要です。

特に、昨今増えている、監督官が現場にやってきて長時間・過重労働等を主眼とする監督指導を実施するような場合、36 協定は必ずチェックされるものと思われますので、注意してください。

森井博子がアドバイス！

労働時間の定義の明確化

労働時間として取り扱うべき時間として例示された準備行為や後始末、研修や教育訓練などについて今まで労働時間であるかどうかあいまいにしていたところがあれば、明確にすることが必要です。

自己申告制の場合の注意事項

ガイドラインにおいて、実際に労働時間を管理する者（「中間管理職等」）がわざわざ明記されている点は、特に注目されるところです。監督指導時にも、「企業の実務において実際に労働時間を管理する者が、自己申告制における自分の役割を理解して適正に実行しているか」は厳しくチェックされることになると思われます。

賃金台帳の適正な調製

賃金台帳のチェックをさらに徹底していくと、不適正な定額残業制の運用等の問題が明らかになることもあるでしょう。記載すべき事項の記載漏れ等がないかをチェックするとともに、割増賃金が法定どおりとなっているか等を確認することが必要です。

36 協定に対する指導

長時間・過重労働等を主眼とする監督指導を実施するような場合の36 協定のチェックポイントは、①協定の内容が「過労死ライン」を超えたものになっていないか、②罰則付き時間外労働の上限規制の導入がされても法を遵守することができるような準備・対策がなされているか――というところだと考えられます。今回は、建設業特有の、工事現場で提出する 36 協定の記入例を示してポイントをお知らせします（なお、記入例は、建築現場の元請を想定したものです）。

様式第9号（第17条関係）

時間外労働
休 日 労 働　に関する協定届　1

2-①　2-②

事業の種類		事業の名称			事業の所在地（電話番号）			
建設業		国立○○病院新築工事　○○建設株式会社作業所			東京都新宿区○○町1－2－3　03（○○○○）6789			
	時間外労働をさせる必要のある具体的事由	業務の種類	労働者数（満18歳以上の者）	所定労働時間	延長することができる時間 1日	延長することができる時間（1日を超える一定の期間起算日）1か月（毎月1日）	延長することができる時間（1日を超える一定の期間起算日）1年（4月1日）　3	期間
① 下記②に該当しない労働者	納期変更や臨時の受注 機器等のトラブル対応 その他緊急を要するとき	施工管理	5	8	5	45時間	360時間	平成○年4月1日から1年間　5
		施工管理補助	7	8	5	45時間	360時間　4	
		設計	2	8	5	45時間	360時間	
② 1年単位の変形労働時間制により労働する労働者								

休日労働をさせる必要のある具体的事由	業務の種類	労働者数（満18歳以上の者）	所定休日	労働させることができる休日並びに始業及び終業の時刻	期間
納期変更や臨時の受注 機器等のトラブル対応 その他緊急を要するとき	施工管理	5	土曜日、日曜日 国民の祝日 年末年始	第1日曜日、第3日曜日 始業午前8時 終業午後5時　6	平成○年4月1日から1年間
	施工管理補助	7			
	設計	2			

協定の成立年月日　平成 ○ 年 3月 28 日

協定の当事者である労働組合の名称又は労働者の過半数を代表する者の　職名　施工管理補助　氏名　佐藤次郎　7

協定の当事者（労働者の過半数を代表する者の場合）の選出方法（　投票による選挙　）

平成 ○ 年 4 月 1 日

使用者　職名　国立○○病院新築工事　○○建設株式会社作業所
　　　　氏名　所長　山田太郎 ㊞　8

新宿　労働基準監督署長殿

記載心得

1 「業務の種類」の欄には、時間外労働又は休日労働をさせる必要のある業務を具体的に記入し、労働基準法第36条第1項ただし書の健康上特に有害な業務について協定をした場合には、当該業務を他の業務と区別して記入すること。

2 「延長することができる時間」の欄の記入に当たつては、次のとおりとすること。

(1) 「1日」の欄には、労働基準法第32条から第32条の5まで又は第40条の規定により労働させることができる最長の労働時間を超えて延長することができる時間であつて、1日についての限度となる時間を記入すること。

(2) 「1日を超える一定の期間（起算日）」の欄には、労働基準法第32条から第32条の5まで又は第40条の規定により労働させることができる最長の労働時間を超えて延長することができる時間であつて、同法第36条第1項の協定で定められた1日を超え3箇月以内の期間及び1年間についての延長することができる時間の限度に関して、その上欄に当該協定で定められたすべての期間を記入し、当該期間の起算日を括弧書きし、その下欄に、当該期間に応じ、それぞれ当該期間についての限度となる時間を記入すること。

3 ②の欄は、労働基準法第32条の4の規定による労働時間により労働する労働者（対象期間が3箇月を超える変形労働時間制により労働する者に限る。）について記入すること。

4 「労働させることができる休日並びに始業及び終業の時刻」の欄には、労働基準法第35条の規定による休日であつて労働させることができる日並びに当該休日の労働の始業及び終業の時刻を記入すること。

5 「期間」の欄には、時間外労働又は休日労働をさせることができる日の属する期間を記入すること。

1 現場事務所があって、当該現場において労務管理が一体として行われている場合は、現場で 36 協定を締結して、現場を管轄する労働基準監督署に届け出ることが必要です。

2 「労働基準法 36 条1項の協定で定める労働時間の延長の限度等に関する基準」（平成 10 年 12 月 28 日労働省告示 154 号、最終改正：平成 21 年5月 29 日厚生労働省告示 316 号）は、その5条で建設業を適用除外としていますが、適用除外とされているのは3条（一定期間についての延長時間の限度）と4条（1年単位の変形労働時間制における一定期間についての延長時間の限度）だけです。1条（業務区分の細分化）・2条（一定期間の区分）は適用になることに注意してください。

したがって、

2-①では、具体的な区分が必要です。「作業員」など具体性のない記載ではなく、時間外をさせる業務を細かく記入する必要があります（1条）。

2-②では、「1日を超え3箇月以内の期間」と「1年間」の、2つの協定とすることが必要です（2条）。

なお、建設業では限度時間は適用にならないので、特別条項を結ばなくても、限度基準を超えた 36 協定を締結することはできます。しかし、長時間・過重労働対策の観点から、限度基準を超えた 36 協定は、チェックされる可能性があります。

3 起算日は、1週間であれば「○曜日」、1箇月であれば「毎月○日」、1年であれば「○月○日」のように記入します。

4 「延長することができる時間」に記載するのは、「1日」については、法定の8時間を超える時間、「1日を超える一定の期間」については、1日8時間を超える時間およびその時間を除く1週 40 時間を超える時間を合計した時間（変形労働時間制を採用している場合は、1日および1週の時間外を除いて変形期間の総枠を超える時間も追加）です。特に所定労働時間が「7時間」である等、8時間未満の場合は注意が必要です。

5 協定の有効期間は、原則１年です。

6 所定休日のうち法定休日労働（週１日または４週４日の休日）が予定されている場合に協定する必要があります。法定休日以外の所定休日に労働させた場合で、週 40 時間を超えるときは、時間外労働となることに注意してください。

7 協定当事者が労働者の過半数を代表する者である場合には、①職制上の地位が適正であるか、②選出方法が適正であるか――に注意が必要です。
労働基準法 41 条２号の管理監督者（総務部長など）は、労働者の代表者になれません。職名は、「係長」「マネージャー職」等の役職名、役職についていない場合は「店員」「○○係員」「役職なし」等、その立場が明らかになるように記入します。
選出方法については、使用者の指名や親睦会の代表がそのまま選出されているなど、民主的でないものは認められません。「投票による選挙」「挙手による信任」等、民主的方法によることが必要です。

8 使用者の印については、事業主の場合は、代表者印を押します。事業主に代わって協定締結の権限を与えられた使用者（現場所長、人事部長、支店長等）の場合は、個人印を押してください。会社内で権限を示す印を使用している場合、当該印を使用することもできます。

QUESTION-18

「『過労死等ゼロ』緊急対策」を踏まえたメンタルヘルス・パワハラ対策

「『過労死等ゼロ』緊急対策」では、「メンタルヘルス・パワハラ防止対策のための取組の強化」が挙げられています。その中に、「メンタルヘルス対策に係る企業本社に対する特別指導」がありますが、これはどのようなものですか？

1 メンタルヘルス対策の推進通達

メンタルヘルス対策の推進については、「『過労死等ゼロ』緊急対策を踏まえたメンタルヘルス対策の推進について」（平成29年3月31日基発0331第78号。以下､「メンタルヘルス対策通達」という）および「今後における安全衛生改善計画の運用について」（平成29年3月31日基発0331第76号）が発出されています。

2 メンタルヘルス対策を主眼とする特別指導の実施

メンタルヘルス対策通達では、「精神障害に関する労災支給決定が行われた事業場」「概ね3年程度の期間に、精神障害に関する労災支給決定が2件以上行われた場合の本社事業場」に対するメンタルヘルス対策の特別指導の実施が明記されています。

「精神障害に関する労災支給決定が行われた事業場」に対しては、メンタルヘルス対策を主眼とする個別指導が実施されます。この指導結果から、継続的な改善の指導が必要と認められる場合には、「衛生管理特別指導事業場」に指定し、メンタルヘルス対策にかかる取組みの改善について指示することとされています。

「概ね3年程度の期間に、精神障害に関する労災支給決定が2件以上行われた場合の本社事業場」に対しては、メンタルヘルス対策を主眼とする個別指導を実施するとともに、全社的なメンタルヘルス対策の取組みについて指導が実施されます。特に、過労自殺（未遂を含む）にかかるものが含まれる場合には、当該企業の本社事業場を「衛生管理特別指導事業場」に指定し、メンタルヘルス対策にかかる取組みの改善について指示するとともに、全社的な改善について指導することとされています。

なお、「個別指導」とは、安全専門官・衛生専門官等安全衛生担当者が行う、安全衛生にかかる個別事業場に対する指導のことをいいます。

3 パワハラ対策

パワハラとは、同じ職場で働く者に対して、職務上の地位や人間関係などの職場内での優位性を背景に、業務の適正な範囲を超えて、精神的・身体的苦痛を与える、または職場環境を悪化させる行為をいいます。パワハラ対策の浸透を図るため、メンタルヘルス対策を主眼とする個別指導や、長時間労働が行われている事業場に対する個別指導・監督指導・集団指導等の際に、「パワーハラスメント対策導入マニュアル」やパンフレット等を活用し、パワハラ対策の取組内容について指導を行うこととされています。特に、企業の本社事業場に対する特別指導においては、全社的なパワハラ対策が講じられるよう周知啓発を行うこととされています。

パワハラ行為をしないことは、今後、メンタルヘルス対策を主眼とする個別指導等に対応するためにも必要なことです。少なくとも、「パワーハラスメント対策導入マニュアル」には目を通しておくことが望まれます。

森井博子がアドバイス！

メンタルヘルス対策

「衛生管理特別指導事業場」に指定されると、労働基準監督署により１年間の継続的指導が行われることになります。この間は、一定期間ごとに労働基準監督署の立入り指導があり、事業場・企業が年度当初に策定した改善計画に沿った活動により改善が行われているか否かがチェックされます。計画どおりの改善が達成されれば１年で指定が解除されますが、計画どおりの改善が果たせなかった場合は、次年度も継続して指定されることに留意する必要があります。

パワハラ対策

建設業は死亡災害が最も多い業種であり、重篤な結果を招かないようにするためには､安全作業が身につくまで教育する必要があります。命にかかわる危険な作業を行っている場合には、時に厳しく指導しなければならないことも確かです。ただ、それが行き過ぎると、パワハラとなることもあります。「パワーハラスメント対策導入マニュアル」に目を通し、指導の仕方にも注意することが必要です。

また、社員教育等の場面で、「パワハラとならないための指導の際の確認事項」として、次の４つの問を自身に問いかけてみるよう促すのもよいと思います。

Ｑ１：今、この場で怒るべきか？
Ｑ２：相手に向かって乱暴な言動を取っていないか？
Ｑ３：不必要な人格否定、悪口になっていないか？
Ｑ４：その指導の仕方（怒り方）をして、相手が態度を改めたり業務改善をしたりする効果があるといえるか？

第４章

建設業の労基署対応

QUESTION-19

建設業に対する監督指導の最近の傾向

建設業に対する労働基準監督署の監督指導は、主に現場の安全面を対象にしていたと思います。しかし最近は、監督官が会社や現場に来て、労働時間の状況や36協定、健康管理、ストレスチェックについて詳しく調査することが多いと聞きます。このような内容で監督指導を受けるのは初めての企業も多く、とまどっているところもあるようです。

労働基準監督署の、建設業に対する監督指導のあり方は変わったのでしょうか？

1 建設業に対する労働基準監督署の監督指導の傾向

建設業は、労働災害が多い業種であることから、労働基準監督署の監督指導も、監督官が建設現場に出向き、労働安全衛生法等を中心に安全面から行われることが主でした。しかし、近時は、長時間・過重労働対策の観点からの監督指導も多く行われるようになっています。

厚生労働省が作成した「平成30年度地方労働行政運営方針」において、「長時間労働の抑制及び過重労働による健康障害を防止するため、『過重労働による健康障害防止のための総合対策』（平成18年3月17日付け基発第0317008号）に基づき、過重労働が行われているおそれがある事業場に対して……監督指導等を徹底する。……また、各種情報から時間外・休日労働時間数が1か月当たり80時間を超えている疑いがある事業場及び長時間にわたる過重な労働による過労死等に係る労災請求が行われた事業場に対して、引き続き監督指導を徹底する。」とされています。建設業でも、これに該当すれば、労働時間や健康管理を中心に調査される、長時間・過重労働にかかる監督の対象になることがあります。

建設業が長時間・過重労働にかかる監督指導対象としてクローズアップされるようになってきた背景を見てみると、まず、2017年に、東京オリンピック・パラリンピックの主会場となる新国立競技場の建設工事に従事していた現場監督（当時23歳）が過労自殺をして労災認定されました。この案件は、2015年の電通事件同様、新入社員が長時間労働を強いられた末の過労自殺であり、またパワハラも疑われたことから、社会的に注目されました。そして、これを契機に、建設業に対しても長時間・過重労働の観点から強力に監督指導をしなければならないという動きが出てきたのです。

次に、2017年3月28日に「働き方改革実現会議」で決定された「働き方改革実行計画」が挙げられます。同計画では、これまで時間外労働の限度基準の上限規制の適用除外とされてきた建設業も、罰則付き時間外労働の上限規制の対象とされました。法施行後5年間の猶予はありますが、この期間中に、法の規制を遵守することができる企業体質とすることに、業界をあげて計画的に取り組まなければならなくなり、まさに「働き方改革」を迫られることになったのです。

国も、国土交通省と厚生労働省で連携して支援することとし、発注者となる関係省庁も参加して関係省庁連絡会議を開催し、長時間労働をさせないようにするために「建設工事における適正な工期設定等のためのガイドライン」が策定されました（2017年8月28日。なお、2018年7月2日に第1次改訂が行われています）。ここで、建設業に対して、適正な労働時間管理を浸透させ、長時間労働の体質を是正していこうという動きが明確になりました。

＊＊＊

以下、具体的に、労働基準監督署から監督対象とされるケースを見ていきたいと思います。なお、労働基準監督署の行政指導の手法としては監督指導が中心ですが、ほかに自主点検・集団指導もあり、近時は大きな網掛けのために自主点検もよく用いられるようになっています。自主点検や集団指導の対象になる基準も、対象は広いものの、監督指導対象と同様の考え方に基づくものといえます。

2 過労死等のリスクが高いことから対象とされる場合

(1)「過労死等に係る労災請求が行われた事業場」

建設業は、長時間労働が原因での労災請求・認定件数も多く、2017年度は、「脳・心臓疾患」での労災請求件数は112人（うち死亡30人）、支給決定件数は17人（うち死亡6人）、また、「精神障害」での労災請求件数は98人（うち自殺（未遂も含む）29人）、支給決定件数は48人（うち自殺（未遂も含む）21人）でした。

「過労死等に係る労災請求が行われた事業場」という監督指導対象の選定基準から、相当数の建設業の事業場がその対象になることがわかります。

(2)「過労死等発生リスクが高い業種」

建設業は、「過労死等に係る労災請求が行われた事業場」としての個別の事業場としてだけではなく、労災請求・認定件数の多さから「過重労働による過労死等発生リスクが高い業種」として着目されて、監督対象とされることも考えられます。

図表 12　脳・心臓疾患、精神障害をめぐる状況

平成 29 年度脳・心臓疾患の請求件数の多い業種（中分類上位 15 業種）

	業種（中分類）	請求件数
1	道路貨物運送業	145 (4) (54 (1))
2	その他の事業サービス業	68 (10) (13 (1))
3	総合工事業	45 (1) (14 (0))
4	飲食店	41 (7) (7 (0))
5	●別工事業（設備工事業を除く）	34 (0) (9 (0))
6	設備工事業	33 (0) (7 (0))
7	社会保険・社会福祉・介護事業	29 (20) (4 (4))
8	飲食料品小売業	25 (7) (13 (1))
9	道路旅客運送業	24 (0) (5 (0))
10	飲食料品卸売業	21 (4) (6 (1))
11	食料品製造業	20 (6) (5 (2))
12	各種商品小売業	19 (8) (6 (2))
12	輸送用機械器具製造業	19 (2) (9 (1))
14	宿泊業	16 (3) (00 (0))
14	情報サービス業	16 (1) (8 (0))
14	金属製品製造業	16 (0) (4 (0))

注　1 業種については、「日本標準産業分類」により分類している。
2 ( ) 内は女性の件数で、内数である。
3 〈〉 内は死亡の件数で、内数である。

平成 29 年度脳・心臓疾患の支給決定（認定）件数の多い業種（中分類上位 15 業種）

	業種（中分類）	請求件数
1	道路貨物運送業	85 〈1〉 (37 〈1〉)
2	飲食店	19 〈2〉 (3 〈0〉)
3	その他の事業サービス業	16 〈0〉 (6 〈0〉)
4	飲食料品小売業	11 〈1〉 (5 〈0〉)
5	道路旅客運送業	10 〈0〉 (1 〈0〉)
6	総合工事業	8 〈0〉 (3 〈0〉)
6	宿泊業	8 〈3〉 (00 〈0〉)
8	設備工事業	6 〈0〉 (2 〈0〉)
8	電気機械器具製造業	6 〈0〉 (4 〈0〉)
10	各種商品小売業	5 〈2〉 (2 〈0〉)
10	機械器具卸売業	5 〈0〉 (2 〈0〉)
12	業務用機械器具製造業	4 〈0〉 (2 〈0〉)
12	食料品製造業	4 〈1〉 (1 〈0〉)
14	運輸に附帯するサービス業	3 〈0〉 (1 〈0〉)
14	その他の小売業	3 〈0〉 (1 〈0〉)
14	機械器具小売業	3 〈0〉 (2 〈0〉)
14	技術サービス業（他に分類されないもの）	3 〈0〉 (2 〈0〉)
14	漁業（水産養殖業を除く）	3 〈0〉 (00 〈0〉)
14	職別工事業（設備工事業を除く）	3 〈0〉 (1 〈0〉)
14	その他の生活関連サービス業	3 〈1〉 (1 〈0〉)
14	洗濯・理容・美容・浴場業	3 〈1〉 (00 〈0〉)
14	輸送用機械器具製造業	3 〈0〉 (3 〈0〉)

注　1 業種については、「日本標準産業分類」により分類している。
2 ( ) 内は女性の件数で、内数である。
3 〈〉 内は死亡の件数で、内数である。

平成 29 年度　精神障害の請求件数の多い業種（中分類上位 15 業種）

	業種（中分類）	請求件数
1	社会保険・社会福祉・介護事業	174 (127) (9 (0))
2	医療業	139 (101) (7 (2))
3	道路貨物運送業	84 (13) (9 (0))
4	情報サービス業	69 (19) (7 (0))
5	総合工事業	65 (9) (17 (0))
6	輸送用機械器具製造業	56 (12) (6 (0))
7	食料品製造業	50 (17) (6 (0))
7	その他の小売業	50 (22) (5 (0))
7	飲食店	50 (24) (8 (0))
10	その他の事業サービス業	49 (16) (4 (0))
11	各種商品小売業	47 (30) (3 (1))
12	機械器具小売業	34 (4) (8 (0))
13	設備工事業	33 (1) (12 (0))
14	道路旅客運送業	32 (2) (5 (0))
15	専門サービス業 （ほかに分類されないもの）	31 (18) (4 (0))

注　1 業種については、「日本標準産業分類」により分類している。
2 ( ) 内は女性の件数で、内数である。
3 〈〉 内は自殺（未遂を含む）の件数で、内数である。

平成 29 年度　精神障害の支給決定（認定）件数の多い業種（中分類上位 15 業種）

	業種（中分類）	請求件数
1	道路貨物運送業	45 (1) (6 (0))
2	医療業	41 (31) (5 (2))
3	社会保険・社会福祉・介護事業	41 (23) (2 (0))
4	総合工事業	25 (1) (9 (0))
5	設備工事業	23 (0) (12 (0))
6	飲食店	21 (6) (3 (0))
7	情報サービス業	19 (3) (2 (0))
8	各種商品小売業	16 (7) (1 (1))
9	食料品製造業	14 (5) (4 (0))
10	輸送用機械器具製造業	12 (3) (1 (0))
11	その他の小売業	10 (4) (0 (0))
11	宿泊業	10 (3) (2 (0))
13	電気機械器具製造業	9 (1) (2 (0))
13	映像・音声・文字情報制作業	9 (4) (2 (0))
15	機械器具卸売業	8 (5) (1 (0))
15	技術サービス業 （他に分類されないもの）	8 (1) (3 (0))

注　1 業種については、「日本標準産業分類」により分類している。
2 ( ) 内は女性の件数で、内数である。
3 〈〉 内は自殺（未遂を含む）の件数で、内数である。

出典：厚生労働省資料を筆者が加工

3 違法な長時間労働が疑われる観点から対象とされる場合

（1）新国立競技場の建設に関わる企業への調査結果

新国立競技場の建設工事に従事していた現場監督の過労自殺案件を契機に、東京労働局では、新国立競技場の建設に関わる企業を対象に、現場で働く人の労働実態を調査しました。

過労自殺した男性労働者は新国立競技場の建設工事を受注した大手ゼネコンのJVの下請企業に勤務していましたが、その元請ゼネコンとすべての1次下請企業、および月80時間超えの長時間労働をさせていると疑われる2次下請以下の企業合計128社を調べたところ、約6割に当たる81社で、違法な長時間労働や残業代未払いなどの法令違反が認められました。

新国立競技場の建設に関わる企業への調査結果

（出典：東京労働局）

労働基準法違反などで是正勧告を受けた	81社
違法残業で是正勧告を受けた	37社
1か月80～100時間の違法残業	8社
1か月100～150時間の違法残業	7社
1か月150時間超えの違法残業	3社

（2）違法な長時間労働のリスクの高い業種

建設業は、時間外労働の限度基準の上限規制については適用除外となっていて、特別扱いを受けていますが、時間外労働や休日労働をさせる場合には時間外・休日労働協定（36 協定）を労働基準監督署に提出しなければならないことは、他の業種と何ら変わりません。36 協定を出さずに時間外労働を行わせると、労働基準法 32 条違反となります（また、36 協定で届け出た時間を超えても同法違反となります）。

東京労働局の調査でも、労働基準法が遵守されず、かつ長時間労働をさせていた実態も認められた会社がありました。このような違法な長時間労働のリスクのある業種ということでも、建設業が監督対象とされることが考えられます。

その際、建設企業の中でも特に、36 協定を出していなかったり、出していても 36 協定の限度時間を超えて時間外労働をさせていることが疑われたり、といった企業は、監督対象とされる可能性が高くなります。「各種情報から時間外・休日労働時間数が 1 か月当たり 80 時間を超えている疑いがある事業場」との選定基準がありますが、ここでいう「各種情報」の中でも、36 協定は重要な情報となることに注意する必要があります。

（3）東京労働局の強力指導業種としての建設業

東京労働局の平成 30 年度行政運営方針では、「オリンピック・パラリンピックを踏まえてインフラ工事等が大幅に増加することが想定される建設業において、長時間労働が懸念されていることに鑑み、建設現場における下請も含めた労働時間の遵守状況等について監督指導で確認し、長時間労働の抑制について強力に指導する。」（下線は筆者）とされています。

このように具体的に業種名を挙げて監督対象にするということを強調するのはめずらしいことなのですが、特に「労働時間の遵守状況」を確認事項として取り上げ、法違反を意識した記載となっていることに注意する必要があります。

働き方改革における取組みが必要な業種として対象とされる場合

建設業は、改正労働基準法の施行後５年間の猶予期間中に、時間外労働の上限規制を遵守できるようにしていかなければならなくなりました。今後はこれも視野に入れて、建設業が、長時間労働の是正のための適正な労働時間管理をはじめとして「働き方改革実行計画」を実現していく観点からの監督指導の対象とされることも考えられます。

森井博子がアドバイス！

近時の傾向として、労働基準監督署の建設業に対する監督指導は、長時間・過重労働対策の観点から行われることも多くなってきました。改正労働基準法が成立したことから、この流れは、今後さらに強まるものと考えられます。建設業においては、今後、安全衛生管理はもちろん、労働時間管理についても重視していくことが必要になってきます。

Check!　あなたの会社（現場）の状況はどうですか？

①「脳・心臓疾患」で労災請求した。
②過労等による「精神障害」で労災請求した。
③時間外・休日労働をさせているが、36 協定を労基署に出していない。
④ 36 協定が、時間外・休日労働について月 80 時間を超える内容になっている。

⇒　①なら……

行政運営方針で、監督対象とすることが明記されています。労働時間管理・健康管理等について社内（現場）で見直しを行い、法を遵守する体制を作ってください。

②なら……

行政運営方針で、監督対象とすることが明記されています。労働時間管理・健康管理等について社内（現場）で見直しを行い、法を遵守する体制を作ってください。

③なら……

「違法な時間外・休日労働を行わせている疑いあり」ということで、監督対象になる可能性があります。労働時間管理・健康管理等について社内（現場）で見直しを行い、法を遵守する体制を作ってください。

④なら……

長時間・過重労働にかかる監督の対象になる可能性があります。労働時間管理・健康管理等について社内（現場）で見直しを行い、法を遵守する体制を作ってください。

QUESTION-20

建設業に対する監督結果から見る監督の傾向

労働基準監督署の建設業に対する監督指導は、長時間・過重労働対策の観点からの指導も多く行われるようになったとのことですが、このような変化は、いつ頃から顕著になったのでしょうか？ また、この流れは今後も続くのですか？

1 建設業に対する過去５年間の監督指導結果

（出典：監督業務実施状況）

①監督実施事業場数と違反事業場数（2013 年〜 2017 年）

	2013 年	2014 年	2015 年	2016 年	2017 年
監督実施事業場数	46475	45837	45242	44279	45225
違反事業場数	29097	28922	28380	27064	27805

②主要な違反事項（2013 年〜 2017 年）　（網掛けは筆者）

主要な違反事項	2013 年	2014 年	2015 年	2016 年	2017 年
労働条件の明示	968	822	872	835	880
労働時間	1554	1341	1374	1637	1904
休日	200	193	171	184	251
割増賃金	1371	1244	1263	1325	1604
就業規則	465	469	445	411	557
賃金台帳	695	581	631	714	854
衛生管理者	153	146	184	198	177
安全衛生委員会等＊	57	56	80	72	106
健康診断（安衛則）	725	758	874	948	1167

＊「安全衛生委員会等」は、労働安全衛生法 17 条〜19 条違反を合計したもの

2 建設業に対する監督指導の2017年の変化

過去5年間の建設業の監督指導結果を見ると、監督実施事業場数は、過去5年間の全体数が4万4,000～4万6,000、違反事業場数も2万7,000～2万9,000で毎年推移しており、それほど変化はありません。

しかし、主要な違反事項を見ると、過去4年に比べて2017年に違反が顕著に増加している事項があります。2017年は、長時間・過重労働対策の監督指導に見られる違反の増加が顕著になっているといえます。

QUESTION-24もあわせて確認いただきたいのですが、長時間・過重労働対策にかかる監督の違反の特徴として、「労働時間」「割増賃金」の違反が多くなっています。さらに、長時間・過重労働対策にかかる監督の違反としては、「休日」「安全衛生委員会等（ここでは内訳は出ていませんが、長時間・過重労働対策の監督では衛生委員会を重点的に見ますので、ここでの増加は「衛生委員会」についての違反が増加した結果であると思われます)」、そして「健康診断」の増加が顕著です。

また、「就業規則」「賃金台帳」の違反も増加していることから、一般労働条件に重点を置いた監督指導が行われていることがわかります。特に「賃金台帳」は、労働時間適正把握ガイドラインにも新たに加えられて注意喚起された事項ですので、それを踏まえて監督した結果、違反が指摘されたということだと考えられます。

以上から、2017年は、建設業に対する労働基準監督署の監督指導の対象が、安全衛生ばかりでなく、長時間・過重労働対策を主眼とするものに対しても大幅に拡大された年であったといえるでしょう。

3 今後の方向性

2018年度は、行政運営方針でも、長時間・過重労働対策を主眼とした監督指導を行うとされています。2017年の状況を見れば、建設業も当然、その対象となるでしょう。そして、この傾向は、今後もより強力になり、継続していくものと考えられます。

森井博子がアドバイス！

2017年の監督結果から見えてきたのは、建設業も、長時間・過重労働対策を主眼とする監督指導の対象になってきているということです。特にオリンピック関連の工期が限られている工事を見据えて、労働基準監督署の長時間・過重労働に対する取締りは、今後、より厳しく行われることになるものと考えられます。

そこで、指摘事項の増加が顕著になった「労働時間」「休日」「割増賃金」「就業規則」「賃金台帳」「衛生管理者」「衛生委員会」について、自社では適法に管理・運営されているか、改めて見直してみてください。特に「労働時間」は、その適正把握も含め、現場でもちゃんと法遵守ができているかどうかをチェックすることが必要です。チェックの結果、「できていない」となったら、早急に対応しなければなりません！

QUESTION-21

自主点検表への対応

先日、労基署から「長時間労働抑制・過重労働による健康障害防止のための自主点検表」が送られてきて、自主点検した結果を労基署に報告するように指示されました。内容を見ると、労働時間、特別条項付き時間外労働協定、衛生委員会、健康診断、医師による面接指導、健康診断についてで、このような内容の調査を受けるのは初めてということもありとまどっています。当社が労基署から目をつけられたのではないかという心配もあります。

自主点検表は、どのような企業に対し、何のために送られてくるものなのでしょうか？ また、報告を行わなかった場合、ペナルティはありますか？

1 「自主点検」とは

自主点検は、労働局や労働基準監督署が行う行政指導の手法の１つで、自主点検制度に基づくものです。自主点検制度とは、使用者が事業場における労働基準関係法令等の遵守状況を自ら点検して、その把握した問題点に応じ、自主的な改善を図るためのものです。「点検実施 → 自ら問題点に気がつく → 自ら改善」という流れで、改善まで自主的にやり通せば、労働基準関係法令等の違反はなくなります。いわば、“自主的に問題を解決する”ためのツールです。

長時間労働の抑制や過重労働による健康障害の防止は、今まさに労働基準監督署の最重要課題となっていることから、近時は、この問題に関する法令の遵守状況を見るために、自主点検を実施させる労働局・労働基準監督署が多くなっています。

ただ、建設業についていえば、これまで、このような自主点検はあまり実施されてきませんでした。これは、どうしても安全衛生面の対応が中心となり、長時間・過重労働対策の観点からの監督指導はそれほど行われてこなかったことによります。近時は建設業においても長時間・過重労働対策が重視されるようになり、自主点検も行われるようになってきましたが、これまでなじみのなかったものであることから、自主点検を求められたことについて、とまどう企業もあるようです。

しかし、「労基署に目をつけられたから自主点検表が送られてきたのではないか」などと心配する必要はありません。かえって、点検することで自らの会社の問題に気づき、改善をすることができれば、それで法令違反の不安はなくなるのですから、もし自主点検表が送られてきたら、積極的に活用されるとよいと思います。

2 自主点検表

自主点検表には、目的（「長時間労働の抑制」「過重労働による健康障害防止」「労働条件の確認」「労働安全衛生の確認」）によりさまざまな内容のものがあります。現在は、労働基準監督署にとっての最重要課題の１つである長時間・過重労働対策のための、「長時間労働抑制・過重労働による健康障害防止のための自主点検表」が多く使用されています。

自主点検表は、各労働局や労働基準監督署が工夫して作成していますが、本省からも目的ごとに例が示されていますので、どの地域でも内容にそう変わりはありません。一例を掲載しますので、参考にしてください。

3 実施上の注意

自主点検を実施した結果、「改善が必要です」となった場合は、法令や告示等に違反しているということですので、改善を行わなければなりません。改善の仕方がわからない場合には、自主点検表を送ってきた労働局や労働基準監督署に問い合わせれば教えてもらえます。

 自主点検結果報告書

【提出用】

長時間労働の抑制･過重労働による健康障害防止のための自主点検結果報告書

（平成　　年　　月　　日）

事業場の名称		代表者職氏名	
所在地	TEL　　（　　）	業種	
		資本金等の額	
点検者職氏名		労働者数	人
		（企業全体）	人

＊　別添の「長時間労働の抑制・過重労働による健康障害防止のための自主点検表」の「点検の結果」欄の該当番号等を下表の「点検の結果」欄に、改善を要する場合の改善予定日を「改善の予定」欄に、それぞれ記入の上、ＦＡＸ等により報告してください。

なお、別添の「長時間労働の抑制のための自主点検表」を提出していただく必要はありません。

本個表を行政目的以外で使用することはありません。

点検項目			点検の結果		改善の予定	
1 時間外・休日労働時間の実績	(1)	A＋B 時間外･休日労働時間数	月　　時間		—	—
		A 時間外労働時間数	月　　時間			
		B 休日労働時間数	月　　時間			
		労働させた時期	平成　　年　　月期			
	(2)	1か月100時間超え	人	（主な職種、業務）		
		1か月80時間超え100時間以内	人	（主な職種、業務）		
	(3)直近1年間の最長労働者		年　　時間	（職種、業務）		
2 特別条項付き時間外労働協定	(1)	締結及び届出			（2、3の場合）	平成　年　月　日
	(2)	ア 具体的な業務の内容・事由			特別条項に適合していない場合	平成　年　月　日
		イ 回数（月数）	回（　　月）			平成　年　月　日
		ウ 労使協定で定めた手続			（2、3の場合）	平成　年　月　日
	(3)	割増賃金率の定め			（2、3の場合）	平成　年　月　日
	(4)	労働者への周知			（4、5の場合）	平成　年　月　日
3 健康診断					（2、3の場合）	平成　年　月　日
4 衛生委員会等	(1)設置等				（3、4場合）	平成　年　月　日
	(2)開催				（2、3、4の場合）	平成　年　月　日
	(3)意見聴取				（2の場合）	平成　年　月　日
5 医師による面接指導	(1)実施				（2、3の場合）	平成　年　月　日
	(2)人数		人		—	—
6 医師による面接指導等（5以外）					（3、4の場合）	平成　年　月　日
			（1の場合の制度の内容）		—	—
7 ストレスチェック					（3、4の場合）	平成　年　月　日
8 労働時間の管理					（3、4の場合）	平成　年　月　日

図表14　自主点検表（神奈川労働局横浜北労働基準監督署の例）

（別添）

長時間労働の抑制のための自主点検表

自主点検制度は、使用者が事業場における労働基準関係法令等の遵守状況を自ら点検し、その把握した問題点に応じ、自主的な改善を図るためのものです。

点検項目	点検の結果	改善の予定
1　時間外労働時間の実績 (1)　直近1年間において、1か月の時間外労働は、最も長い労働者で、何時間でしたか。	最も長い者の時間外労働時間数：　　　時間	時間外・休日労働に関する協定（以下「時間外労働協定」といいます。）の締結に当たっては、一定期間ごとの延長時間の限度等について、労働基準法（以下「法」といいます。）第36条第2項に基づく「時間外労働の限度に関する基準」（以下「限度基準」といいます。）に適合したものとなるようにしなければなりません（法第36条第3項）。 限度基準別表第1及び第2の限度時間（以下「限度時間」といいます。）を超えて労働させることが可能ないわゆる「特別条項付き時間外労働協定」を締結する場合、その理由は一時的又は突発的に限るものであり、全体として1年の半分を超えないことが見込まれるものである必要があります。
(2)　直近1年間において時間外労働時間数の合計時間数が最も多かった月において、1か月100時間又は1か月80時間を超える時間外労働を行った労働者は何人いましたか。また、これらの労働者の主な職種、業務は何ですか。	時間外労働時間／人数／主な職種又は業務 1か月100時間超え：　　人 1か月80時間を超え、100時間以内：　　人	●時間外労働時間が特別条項により限度時間を超えて労働させることが可能な時間を超えている場合は、改善が必要です。
2　特別条項付き時間外労働協定 (1)　上記1の時間外労働を行うに当たり、時間外労働協定を締結し、所轄労働基準監督署長に届け出ていましたか。	1　特別条項付き時間外労働協定を締結して届け出ていた 2　左記以外の時間外労働協定を締結して届け出ていた 3　時間外労働協定を締結していなかった又は締結していたが届け出ていなかった ⇒　1を選択した事業場は(2)へ ⇒　2、3を選択した事業場は3へ	●2（上記1(1)の時間外労働時間が1か月45時間を超えている場合）、3（時間外労働に関する協定の締結又は届出がなく時間外労働を行った場合）については、改善が必要です。
(2)　限度時間を超えた時間外労働協定について ア　上記1の時間外労働を行うに当たり、特別条項により限度時間を超えて行った時間外労働はどのような業務でしたか。 また限度時間を超えて時間外労働を行った理由（事由）は何でしたか。	具体的な業務の内容・事由：	●具体的な業務の内容・事由が特別条項付き時間外労働協定で定めた「特別の事情（一時的又は突発的であること）」に適合していない場合は、改善が必要です。

1

4 結果の報告

点検結果を報告するように指示されるはずですので、報告を忘れないようにしてください。

点検報告は、自主点検表を送ってきた労働局や労働基準監督署で、必ずチェックされます。報告をしなかったり、改善すべき事項があるにもかかわらずそのまま放置していたりすると、法違反が疑われる状態が続くことになりますので、監督指導の対象とされることがあります。

森井博子がアドバイス！

自主点検を行うことにより、自らの会社の問題点に気がつくことができ、また、それを自ら改善することで法違反の問題をなくすことができます。自主的に問題を解決することができるツールですので、自主点検表が送られてきたら、その機会を活用して法令遵守に役立てることをおすすめします。

なお、自主点検は、各労働局・労働基準監督署で、点検目的に応じたわかりやすいものとなるように工夫されて策定されています。ただ、目的が同じであれば、共通する項目も多くあります。現在各労働局・労働基準監督署で実施されている長時間・過重労働対策を目的とした自主点検は、「長時間労働の抑制」と「過重労働による健康障害防止」のために行われていることから、①長時間労働の点検として、時間外・休日労働時間の実績、特別条項付き時間外労働協定の実態、②過重労働による健康障害の点検として、定期健康診断の実施状況、衛生委員会の開催状況、医師による面接指導やストレスチェックの実施状況――等が点検項目の中に入っています。

また、行政運営方針で「労働時間適正把握ガイドラインに基づく労働時間管理」を監督指導においても重視するよう指示されていることから、建設業に対する自主点検表においても、早くも「ガイドラインに基づく労働時間管理が行われているか ⇒ 労働時間を適正に把握しているか」を点検項目に入れているところもあります。

繰り返しになりますが、自主点検の延長線上に労働基準監督署の監督指導があり、自主点検で点検される項目を臨検監督で監督官がチェックすることになりますので、臨検監督で監督官に指摘される前に、すなわち自主的に問題を解決できる段階で、改善すべき項目については積極的に改善していくことをおすすめします。

QUESTION-22

呼出監督への対応

先日、労基署から「労働条件に関する調査の実施について」という文書が送られてきました。就業規則、時間外・休日労働に関する協定届、賃金台帳、衛生委員会の議事録等と、労働時間等の状況を記入した調査票を持参して来署するように、とのことでした。

「働き過ぎ防止を目的として、労働時間を中心とした調査を実施する」趣旨とのことですが、そのような目的で呼出しを受けるのは初めてです。どのように対応すればよいでしょうか？

1 監督の手法としての呼出監督

監督は、労働基準法101条に「労働基準監督官は、事業場、寄宿舎その他の附属建設物に臨検し」とあるように、監督官が事業場に出向いて行うのが基本です。しかし、昨今は、監督対象を労働基準監督署に呼び出して監督する手法も多くとられるようになりました。

このような呼出監督は、特に長時間・過重労働に関して、多くの企業の労働条件を確かめたいときにとられることがある手法です。監督官側からすると、監督対象に来署してもらえば、効率よく監督ができ、監督件数を上げることができる、というメリットもあります。

2 企業の対応

呼出しがあったら、素直に労働基準監督署に行かれることをおすすめします。

一般的に、呼出しの対象となる事業場は、「臨検でなくても大丈夫な事業場」であることが前提となっています。それなのに呼出しに応じないと、何かしら応じられない理由があるのだと疑われることにもなりかねませんし、最終的には監督官が事業場に出向いて、当初持参を指示していたもの以上のものを徹底して調査することになります。そうなるよりは、当初の指示に従うのが得策です。

予定があってどうしても指示された日に行くことができない場合は、その旨を担当官に連絡すれば日時の変更には応じてもらえるはずですので、「行けないから」と無視するのではなく、そのような連絡を取ることも大事であると思います。

3 呼出監督の際の調査事項

呼出監督の際の主な調査事項は、次のとおりです。

①労働時間管理の適否
②変形労働時間制の適否
③長時間労働の実態
④ 36 協定の適否
⑤賃金支払いの適否
⑥賃金台帳の適否
⑦割増賃金の適否
⑧最低賃金の適否
⑨労働条件通知の適否
⑩年次有給休暇の適否
⑪衛生委員会の議事・審議の適否
⑫健康診断の適否
⑬医師による面接指導の適否

持参させた資料を確認して、これらの事項について、法違反がないかどうかを確かめていくことになります。

当然どの事項も注意すべきものですが、改正労働基準法との関係で、特に36協定についてはいろいろな角度から見られて質問される可能性がありますので、ご注意ください。

図表15 呼出状（例）

○○基署発　　　　号
○○年　　○月　　○日

事業主　各位

○○労働基準監督署長

労働条件に関する調査の実施について

平素より労働基準行政の運営につきまして、御理解と御協力をいただき感謝申し上げます。

さて、近年、過労死等の発生が社会的な問題となっており、企業においては、労働基準法等の関係法令に則した労働時間の適正な管理を行うことはもとより、長時間労働を抑制し、労働者が健康を確保しつつ、能力を発揮しながら働くことができる環境を整備することが重要です。

今般、働き過ぎ防止を目的として、労働時間を中心とした調査を下記のとおり実施することといたしました。

つきましては、貴事業場の代表者又は労務担当責任者のご出席をいただきますよう通知いたします。

記

1　日時　　平成　　年　　月　　日（　曜日）午前　時から（所要約2時間）

2　場所　　○○市○○1－2－3
　　　　　○○労働基準監督署　会議室

3　持参いただくもの

① 本状
② 別添の調査票（あらかじめご記入の上、ご持参ください）
③ 来署される方の印鑑（認印）
④ 就業規則（賃金規定等の別規定を含む）
⑤ 時間外・休日労働に関する協定届（控え）
⑥ タイムカード等の労働時間が確認出来る書類
⑦ 賃金台帳
⑧ 変形労働時間制を採用している場合その関係書類（労使協定、勤務割表等）
⑨ 労働条件通知書、雇用契約書等の労働者に労働条件を明示している書類
⑩ 衛生委員会の議事録等の衛生委員会等での調査審議状況が確認できる書類
⑪ 医師による面接指導の制度及び実施状況が確認できる書類
⑫ 年次有給休暇の取得状況が確認できるもの

（※）⑥は直近6か月分、⑦は直近3か月分以上を持参してください。

【担　当】○○○○
【連絡先】電話　○○○－○○○－○○○○

図表16 調査票（例）

※呼出状で「持参いただくもの」②として指示されているもの

調　査　票

※　次の各欄に記入する、または○を付けてください。

労働保険番号	→
事業の種類	
事業場名	
代表者職氏名	
所在地	
電話番号	（　　　）
本件担当者職氏名	
◎ 貴事業場の労働者について、次の事項をご記入ください。	
労働者数	男：＿＿＿人、女：＿＿＿人、計：＿＿＿人 （うち、18歳未満：＿＿＿人、ﾊﾟｰﾄ･ｱﾙﾊﾞｲﾄ：＿＿＿人、 外国人：＿＿＿人［国籍：＿＿＿＿＿＿］）
始業・終業時間	始業：＿＿時＿＿分、終業：＿＿時＿＿分
休憩時間	合計：＿＿時間＿＿分
所定労働時間	1日：＿＿時間＿＿分、1週：＿＿時間＿＿分
年間の所定休日	年間：＿＿日　1か月の平均所定労働時間数＿＿時間＿＿分
変形労働時間制を採用していますか（該当するものに○を付けてください）	a．採用している　b．採用していない 《採用している場合の単位》 ⅰ．4週　ⅱ．1ヵ月　ⅲ．3ヵ月　ⅳ．1年 ⅴ．その他（具体的に →　　　　）
週休制の形態（○を付けてください）	ⅰ．週休1日制　ⅱ．隔週週休2日制 ⅲ．完全週休2日制　ⅳ．その他
就業規則	ⅰ．有（監督署への届出年月日：＿＿年＿＿月＿＿日）ⅱ．無
時間外・休日労働に関する協定届	（過去1年以内の監督署への届出） ⅰ．ある（届出年月日：＿＿年＿＿月＿＿日）　ⅱ．ない
時間外・休日労働等の手当の割増率	ⅰ．時間外 → ＿＿％　ⅱ．休日 → ＿＿％ ⅲ．深夜 → ＿＿％
平成　年　月分以降、月間時間外労働時間数が最も多かった労働者及び時間数	平成　　年　　月分で、 該当者所属部署：＿＿＿＿＿＿ （従事業務内容：＿＿＿＿＿＿） 月間合計で、＿＿時間＿＿分
賃金計算期間	計算締切日：毎月＿＿日、所定支払日：当月・翌月＿＿日
賃金額の最も低い労働者の賃金額	ⅰ．時間給　ⅱ．日給　ⅲ．月給 ＿＿＿＿＿円
労働条件の明示	労働契約締結時の労働条件書面明示　有・無
健康診断	定期健康診断の実施　有（個人票保存　有・無）・無 直近の実施年月日　平成　年　月　日

4 調査時の注意

呼出監督は短時間で行われるものですので、監督官からの質問に的確に答えていくことが必要です。監督官は、調査票に記載されていることが事実かどうか、持参資料によって確かめるので、調査票に書いたことの説明と、それを裏づける資料についての説明が求められることになるでしょう。

また、質問は、「労働基準法等の法違反の疑いがないかどうか」という観点から行われます。質問に答えるためには、調査票に記載した事項についての関係法令の基本知識も必要となりますので、基本的な条文等には、事前に目を通しておきましょう。

森井博子がアドバイス！

労働条件の調査等の呼出しには素直に応じたほうがよいと思います。呼出しで済んでいるうちに、企業として必要な対応を行うほうがよいからです。

また、調査票への記載を行う際や、監督時に受け答えをする際には、労働基準法等関係法令の知識も必要となります。労働時間等の基本的な条文には、目を通しておいたほうがよいでしょう。

QUESTION-23

建設業に対する臨検監督

建設業に対して、監督官が会社や現場に来られて、労働時間、36 協定、健康管理、ストレスチェック等について詳しく調査されることがあると聞きました。このような場合は、どんな点に注意して対応することが必要でしょうか？

1　長時間・過重労働対策での臨検監督の特徴

監督は、基本的には、事務所や現場に監督官が出向いて行います。監督官の権限を規定する労働基準法101条も、「臨検」という言葉を使い、監督官が出向くことを想定した規定となっています（「労働基準監督官は、事業場、寄宿舎その他の附属建設物に臨検し、帳簿及び書類の提出を求め、又は使用者若しくは労働者に対して尋問を行うことができる。」）。多くの事業場の労働条件を効率よく確認するような場合等、監督の手法は必ずしも臨検に限られませんが、やはり事業場に出向いてすべてを確認する必要がある場合には臨検監督が行われます。

臨検監督は、通常は監督官１人で行うことが多いのですが、長時間・過重労働対策での臨検監督を行う場合は、膨大な資料を細かく確認しなければならないことから、複数で監督することもあります。

さらに、監督は事前に予告をしないのが原則ですが、長時間・過重労働対策での臨検監督では、監督に行ったその日にすべての資料を出してもらうことが難しい場合もありますので、状況により、事前に予告して監督当日までに資料を揃えてもらうこともあります。また、最初に出向いた日に資料が全部出なかったために複数回出向くこともあり、このような場合には、結局、予告したのと同じことになります。

2　長時間・過重労働を主眼として行われる臨検監督時の調査事項

長時間・過重労働を主眼として監督指導が行われる場合は、各種資料に基づいて、長時間労働の抑止や過重労働による健康障害防止等についての調査が行われますので、それぞれが適正な内容になっているか、実態を見ても問題はないか、確認しておく必要があります。

（1）調査事項

①労働時間管理の適否
②変形労働時間制の適否
③長時間労働の実態
④ 36 協定の適否
⑤賃金支払いの適否
⑥賃金台帳の適否
⑦割増賃金の適否
⑧最低賃金の適否
⑨労働条件通知の適否
⑩年次有給休暇の適否
⑪衛生委員会の議事・審議の適否
⑫健康診断の適否
⑬ストレスチェックの適否
⑭医師による面接指導の適否

基本的には呼出監督の際に確認される項目と同様ですが（☞ **QUESTION-22** 参照）、ストレスチェックについても調査されますし、特に36協定については、その協定の仕方や限度時間等が細かく聞かれる可能性があります。36協定届作成上の問題がなかったかどうか（☞ **QUESTION-17** 参照）や、協定した時間を超えて残業をしていないかどうか等が調べられることになるでしょう。

(2) 調査資料

調査の資料は、監督官が求めれば、その時会社に存在するものはすべて出す必要があります。また、監督官は労働者に尋問することもできますので、長時間労働者に対してその実態が質問されることもあります。

臨検となると、長時間労働の実態についても、監督官の納得がゆくまで調べられることになります。資料間の矛盾があった場合にも、なぜ矛盾が生じたのか、どちらの資料が正確なのかといった観点からも調べられます。

長時間労働・過重労働対策を主眼として行われる臨検監督の際にチェックされる主な資料は、次のとおりです。

①全労働者の労働時間の記録がわかるもの（出勤簿、残業申請書、休日申請書、タイムカード等）
②時間外・休日労働に関する協定（36 協定）
③「みなし労働時間制」「1 年単位·1 か月単位の変形労働時間制」「フレックスタイム制」「専門・企画業務型裁量労働制」を採用している場合で、協定書・届出書がある場合は、それらの書面
④過重労働対策に関するもの（医師による面接指導等に関する資料）
⑤長時間労働者に対する健康確保対策に関する資料（産業医との面談基準、記録等）
⑥ストレスチェック実施状況に関するもの
⑦定期健康診断、特殊健康診断等の個人票
⑧安全衛生委員会に関する議事録
⑨安全衛生管理体制に関するもの
⑩賃金台帳
⑪労働条件通知書
⑫就業規則
⑬年次有給休暇の取得実績

⑭会社の年間休日カレンダー
⑮労働者名簿

3 監督を受ける際の留意事項

(1) 質問の意図を汲みとって的確に答える

監督官は何かしらの意図があって質問するのですから、その意図を汲みとって、的確に答えることが必要です。自社の状況・事情等を説明することになりますが、その説明内容が、違反として指摘されるかどうかにも関わる場合がありますので、うかつな回答は慎まなければなりません。そのためには、ある程度、労働関係法令の知識も必要になると思われますので、日頃から、関係法令には目を通すようにしておくことも大切です。

(2)「平常」を心がけてコミュニケーションを取る

監督時には、「監督する側」と「監督される側」、双方のコミュニケーションが大切です。攻防の面があるのでやむを得ない場合もあるのですが、過剰にぎくしゃくすると、企業として主張すべきところがかえって伝わらないこともあります。できるだけ平常どおりに対応することがよいと思います。

(3) わからないことはそのままにせず聞く

指摘等がなされた場合に、わからないことがあれば、そのままにせずその場で聞きましょう。聞かれれば、監督官は説明します。

どうしてそのような指摘がなされたのかがわからなければ、是正のポイントもわかりません。遠慮せずに聞くことが、後の是正のためにも有効だと思います。

森井博子がアドバイス！

長時間・過重労働対策での臨検監督に監督官が複数で来た場合、その会社の労働時間の実態について法令遵守の観点から詳細にチェックされますので、会社はしっかり対応する必要があります。建設業では一般労働条件に関係するような監督に慣れていないところも多く、とまどう場合もあるかもしれませんが、監督指導の状況の変化を踏まえれば、労働時間管理等、一般労働条件に関する管理も行っていくことが大切です。まずは、長時間・過重労働について、実態がどうなっているか、法令遵守ができているかといった観点から、再確認をしていくことが必要でしょう。

QUESTION-24

長時間・過重労働対策にかかる監督の是正勧告と是正報告

　長時間・過重労働対策にかかる監督指導の結果、違反が多いのは、どの項目ですか？　また、違反は、文書で指摘されるのですか？　違反が指摘された場合、是正の報告はどのようにするのですか？

1 違反指摘の多い事項

長時間・過重労働対策にかかる監督指導の結果を見る上では、2017年11月に実施された「過重労働解消キャンペーン」における重点監督の実施結果が参考になります。これは、長時間の過重労働による過労死等に関する労災請求のあった事業場などを含め、労働基準関係法令の違反が疑われる7,635事業場に対して集中的に実施されたものです。その結果が、厚生労働省から発表されています（「平成29年度『過重労働解消キャンペーン』の重点監督の実施結果」(2018年4月23日発表))。

【重点監督結果のポイント】

①監督指導の実施事業場：7,635事業場
このうち、5,029事業場（全体の65.9%）で労働基準関係法令違反あり。

②主な違反内容［①のうち、法令違反があり、是正勧告書を交付した事業場］

ア　違法な時間外労働があったもの：2,848事業場（37.3%）
うち、時間外・休日労働の実績が最も長い労働者の時間数が月80時間を超えるもの：1,694事業場（59.5%）
うち、月100時間を超えるもの：1,102事業場（38.7%）
うち、月150時間を超えるもの：222事業場（7.8%）
うち、月200時間を超えるもの：45事業場（1.6%）

イ　賃金不払残業があったもの：536事業場（7.0%）

ウ　過重労働による健康障害防止措置が未実施のもの：
778事業（10.2%）

③主な健康障害防止に係る指導の状況［①のうち、健康障害防止のため指導票を交付した事業場］

ア　過重労働による健康障害防止措置が不十分なため改善を指導したもの：5,504 事業場（72.1%）
　　うち、時間外・休日労働を月 80 時間以内に削減するよう指導したもの：3,075 事業場（55.9%）

イ　労働時間の把握が不適正なため指導したもの：1,232 事業場（16.1%）

監督の結果、労働時間関係の違反が多く認められています。現在は、違反としては、「36 協定の締結・届出がされていないで時間外労働が行われている」「協定で定めた時間外労働の限度時間を超えて時間外労働を行わせている」という違反が挙げられていますが、今後改正労働基準法 36 条 6 項が施行されれば、労働時間関係の違反の中に罰則付き時間外労働の上限規制の違反も指摘されるようになると考えられます。改正法では、時間外労働の上限について「2 か月ないし 6 か月平均で 1 か月 80 時間、単月 100 時間未満」という新たな基準ができ、そこには法定休日労働時間も入るので、時間管理者はその点も注意して管理をしていかなければなりません。

また、建設業に対するものではありませんが、参考になる監督指導事例を 2 つ、紹介します。これは、2017 年度の過重労働解消キャンペーン（11 月）で、7,635 事業場に対し重点監督を実施した中での事例です。厚生労働省や各労働局では、監督結果を発表する際、具体的な監督指導事例を資料として出すことがありますが、多くの事例の中から当該事例を選んだ意図と、そこに込められたメッセージを読み取ることが大切です。ここで紹介する 2 つの事例からは、厚生労働省が、①労働時間適正把握ガイドラインを守らせようとしていること、② 36 協定の当事者適格もしっかり見ていること、③賃金台帳もしっかり見ていること――をアピールしたいことがわかります。

図表 17　監督指導事例①

事例２
（旅館業）

1　脳・心臓疾患を発症した労働者について、36協定で定める上限時間（特別条項：月75時間）を超えて、発症前の直近１か月で月101時間の違法な時間外・休日労働を行わせ、それ以外の労働者２名についても、月100時間を超える違法な時間外・休日労働（最長：月173時間）を行わせていたことから、指導を実施した。

2　また、同会社では、深夜業に従事させる場合の健康診断（６か月以内ごとに１回）を行っておらず、ストレスチェック（下図参照）も実施していなかったことから指導を実施した。

立入調査において把握した事実 と 労働基準監督署の対応

1　脳・心臓疾患を発症した労働者について、36協定で定める上限時間（特別条項：月75時間）を超える違法な時間外・休日労働（発症前の直近１か月で月101時間）を行わせ、それ以外の労働者２名についても、月100時間を超える違法な時間外・休日労働（最長：月173時間）を行わせていたことが判明した。また、36協定について、労働者に周知していないことが判明した。

労働基準監督署の対応

①36協定で定める上限時間を超えて時間外労働を行わせたこと（労働基準法第32条違反）について是正勧告
②時間外・休日労働を月80時間以内とするための具体的方策を検討・実施するよう指導
③36協定を常時各作業場の見やすい場所に掲示し、又は備え付ける等の方法により労働者に周知しなければならないにもかかわらず、周知していないこと（労働基準法第106条）について是正勧告。

2　労働時間の把握方法を調査したところ、一部の労働者について、勤務シフト表で定めた勤務予定時間をそのまま労働時間の実績としており、実際の始業・終業時刻を把握していなかったことが判明した。

労働基準監督署の対応

「労働時間適正把握ガイドライン」（参考資料１参照）に基づき、労働時間を適正に把握するよう指導

3　さらに、常時50人以上の労働者を使用しているにもかかわらず、ストレスチェックを実施していなかったことが判明した。

労働基準監督署の対応

常時50人以上の労働者を使用しているにもかかわらず、１年以内ごとに１回のストレスチェックを実施していないこと（労働安全衛生法第66条の10違反）について是正勧告

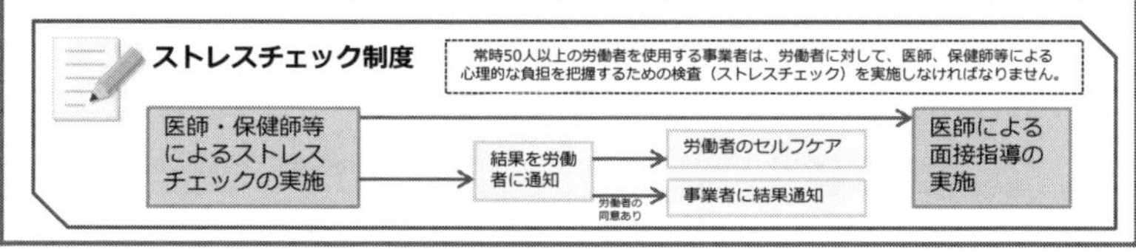

出典：厚生労働省ホームページ

図表18　監督指導事例②

事例3 (食料品製造業)	1　労働者30名について、月100時間を超える時間外・休日労働（最長：月167時間）が認められた。36協定を確認したところ、会社側が一方的に指名した者を労働者の代表として協定を締結しており、36協定が無効となっていたことから、指導を実施した。 2　さらに、同会社では、労働者を深夜業に従事させる場合の健康診断（6か月以内ごとに1回）を行っていなかったことから、指導を実施した。

立入調査において把握した事実 と 労働基準監督署の対応

1　労働者30名について、月100時間を超える時間外・休日労働（最長：月167時間）を行わせていたことが判明した。36協定を確認したところ、36協定を労働者の代表と締結する場合には、労働者の過半数がその人の選任を支持していることが明確になるような民主的な手続がとられている必要があるにもかかわらず、会社側が一方的に指名した労働者（役員の親族）と協定を締結していたことから、36協定が無効であったことが判明した。
　また、賃金台帳に、各労働者の労働時間数、時間外労働時間数、休日労働時間数、及び深夜労働時間数を記入していないことが判明した。

労働基準監督署の対応

①36協定の締結当事者の要件を満たさず、36協定が無効であるにもかかわらず、法定外の時間外労働を行わせたこと（労働基準法第32条違反）について是正勧告
②時間外・休日労働を月80時間以内とするための具体的な方策を検討・実施するよう指導
③賃金台帳に各労働者の労働時間数等を記入していないこと（労働基準法第108条）について是正勧告

2　また、労働者を深夜業に従事させる場合の健康診断（6か月以内ごとに1回）を行っていなかったことが判明した。

労働基準監督署の対応

　深夜業を含む業務に常時従事する労働者に対し、6月以内ごとに1回の健康診断を実施していないこと（労働安全衛生法第66条違反）について是正勧告

36協定の締結当事者の要件

～過半数組合がなく、過半数代表者と協定する場合～

※詳しくは、参考資料2参照

①すべての労働者（パート、アルバイトを含む）の過半数を代表していること
②すべての労働者が参加した民主的な手続により選出された労働者であること
　〇：投票、挙手、労働者による話し合い、持ち回り決議等
　×：会社側の指名、親睦会の幹事などを自動的に選任等
③管理監督者に該当しないこと

◎36協定の締結当事者の要件を満たさない場合には、36協定を締結し、労働基準監督署に届け出ても無効になり、労働者に法定外の時間外・休日労働を行わせることはできません。

出典：厚生労働省ホームページ

なお、いずれも、時間外労働だけでなく休日労働も含めて月80時間以内とするための具体的方策を検討・実施するよう指導されています。この監督指導が行われたのは罰則付き時間外労働の上限規制の改正法案の成立前であり、この時点での規制はあくまでも時間外労働だけであったところ、法案を先取る形で指導文書が交付されていることは注目すべきポイントだと思います。

2 是正勧告と指導票

呼出監督でも臨検監督でも、法令違反が認められた場合には、是正勧告書が交付されます。是正勧告書とは、違反事項と是正期日を記入して事業主に交付する文書のことです（☞長時間・過重労働にかかる監督指導で多く認められる違反が記載されている例として、図表19 参照）。これを受領する際には、事業主等は受領年月日を記入し、記名・押印をします。

また、法令違反ではないけれど指導票を交付する、という場合もあります。指導票は、労働基準法や労働安全衛生法等の法律に直接違反しない事項であっても、改善を図らせる必要のある事項（ガイドラインや通達の遵守）や法令違反が発生している原因となる部分を究明して、事業場に自主的に改善を図らせ、法令違反が再度発生しないように管理体制を確立・定着させることを目的に交付する文書です（法令違反として断定しがたいが、改善すべきことがある場合、また、改善の方法等について書くこともあります）。

指導票も決まった用紙があり、その内容を記載して交付することになっていますが、長時間・過重労働対策の監督指導の際には、内容が定型化されていることもあって専門の指導文書があり、該当箇所にチェックを入れて交付すればよいようになっています（☞ 図表20 参照）。

図表 19　是正勧告書

様式第２の１号の２

是正勧告書

平成○年○月○日

事業の名　称	○○株式会社
代表者職氏名	代表取締役　○○○○
事業場の名称	

○○ 労働基準監督署

労働基準監督官 ○○　○○

貴事業場における下記労働基準法、労働安全衛生法違反及び~~自動車運転者の労働時間等の改善のための基準~~違反については、それぞれ所定期日までに是正の上、遅滞なく報告するよう勧告します。

なお、法条項に係る法違反（罰則のないものを除く。）については、所定期日までに是正しない場合又は当該期日前であっても当該法違反を原因として労働災害が発生した場合には、事案の内容に応じ、送検手続をとることがあります。

~~また、「法条項等」欄に□印を付した事項については、同種違反~~の繰り返しを防止するための点検責任者を事項ごとに指名し、確実に点検補修~~を行うよう措置し、当該措置を行った場合にはその旨を報告してください~~。

法条項等	違　反　事　項	是正期日
労基法第32条	時間外労働に関する協定の上限を超えて時間外労働を行わせてい	即時
	ること。	． ．
労基法第37条	対象労働者に対し、1日8時間、1週40時間を超えて時間外労働を	○.○.○
	行わせているにもかかわらず、2割5分以上の率で計算した割増賃	． ．
	金を支払っていないこと（不足額については、平成○年○月○日に	． ．
	遡及して支払うこと。）。	． ．
労基法第108条	賃金台帳に各労働者の労働時間数等を記入していないこと。	○.○.○
（労基則第54条）		． ．
安衛法第66条の4	健康診断の結果、異常所見が認められた労働者に関して、健康	○.○.○
（安衛則第51条の2）	診断個人票に医師の意見を記載していないこと。	． ．
		． ．
		． ．
		． ．
		． ．
		． ．
		． ．
		． ．
		． ．
		． ．

受領年月日	平成○○年○○月○○日	(1) 枚のうち
受領者職氏名	○○株式会社　部長○○○○　㊞	(1) 枚　目

図表20　過重労働の健康障害防止指導書

平成○年○月○日

○○○○○○　　殿

○○　労働基準監督署

官名　労働基準監督官　氏名○○○○○

過重労働による健康障害防止について

過重労働による健康障害を防止するため、貴事業場においては、☑を付した事項について、改善等の措置を講じてください。

なお、改善等の状況については、　　月　　日までに報告してください。

記

□1　時間外・休日労働を1か月当たり80時間を超えて行わせ、かつ、面接指導等の措置を希望する旨の申出を行った労働者について、面接指導等の措置が実施されていないことから、速やかにこれを実施するよう努めること。

□2　時間外・休日労働を、1か月当たり100時間を超えて行わせた労働者又は2ないし6か月の平均で1か月当たり80時間を超えて行わせた労働者について、医師による面接指導等の対象とされているにもかかわらず、これが実施されていないことから、速やかにこれを実施するよう努めること。

□3　時間外・休日労働を、1か月当たり100時間を超えて行わせた労働者又は2ないし6か月の平均で1か月当たり80時間を超えて行わせた労働者について、面接指導等を実施するよう努めること。なお、その実施の検討に当たっては、衛生委員会等により調査審議を行うこと。（常時50人未満の労働者を使用する事業場の場合には、関係労働者の意見を聴くための機会等を利用して関係労働者の意見を聴取するようにすること。）

□4　時間外・休日労働を1か月当たり45時間を超えて行わせた労働者であって、健康への配慮が必要な者について、面接指導等を実施する対象とされているにもかかわらず、これが実施されていないことから、これを実施するように努めること。

□5　長時間にわたる労働による労働者の健康障害の防止を図るための対策のうち、以下の項目のうち☑を付したものについて、衛生委員会等において速やかに調査審議を行うこと。

また、その結果に基づき、必要な措置を講ずるよう努めること。

□①　面接指導等の実施方法及び実施体制に関する事項

□②　面接指導等の申出が適切に行われるための環境整備に関すること

□③　面接指導等の申出を行ったことにより当該労働者に対して不利益な取扱いが行われることがないようにするための対策に関すること

□④　面接指導等を実施する場合における「事業場で定める必要な措置の実施に関する基準」の策定に関する事項

□⑤　事業場における長時間労働による健康障害防止対策の労働者への周知に関する事項

3 是正勧告や指導を受けた場合の対応

（1）是正報告

是正勧告や指導を受けた場合、それに対する是正報告が必要になります。是正報告書に、違反の指摘事項ごとにどのように是正したかを記載して提出します。

是正報告書の様式は、任意です。複数枚になるようであれば、ご自分でコピーして使用していただいてもかまいません。

（2）遡及是正の資料がない場合の対応

是正勧告書例にあるように割増賃金が支払われていない場合には、通常は､違反の指摘とともに不足分の遡及支払いの是正勧告が行われます。この場合に、労働時間が適正に把握されていないと、どのように、そしてどこまで調査しなければならないか、困難な場合が出てきます。

現実には､タイムカード等により客観的な時間管理をしている現場は、大手ゼネコンか中規模の一部までで、中小零細の多くの現場ではそのような時間管理はされていないのが実態です。そうすると、あとから、少しでも客観的な資料を探さなければならなくなります。工事現場の日報や安全日誌等の書類に記載してある作業員の出勤状況（出面)、作業員が記録を付けていたメモ帳等を頼りとするほかなく、それをもとに作業員に聴取りして、次は作業員相互で間違いがないか証言してもらい、最後は遡及是正の対象となる作業員との間で割増賃金が支払われていない時間数とその額を合意する――というやり方をとっていかざるを得ないでしょう。

労働基準監督署がどこまで遡及させるかは事案によりけりです。3か月・6か月・2年間（時効）等々の勧告があると思いますが、真摯にやってみた結果は、まず作業員に説明したうえで、監督官にも状況を話して理解してもらえばよいと思います。

この是正の段階でも、監督官とのコミュニケーションが重要になります。監督の際に、ごまかそうとすることなく真摯に対応して、監督官からの信頼を得ておけば、是正の段階でも相談にのってくれるものと思います。

（3）是正期日の遵守

是正報告は、指定された期日までに行うことが大切です。

とはいえ、労働時間にかかる指摘を受けた場合等、企業の制度自体の変更が必要な場合には、是正に時間を要することもあるものと思われます。監督官もそれを見越して是正期日を設けていると思いますが、必要であれば、途中経過の報告も行いながら、数回にわたって是正報告をしてもよいでしょう。

もし期日を徒過するような場合には、担当官にその旨の連絡を入れてください。そうしないと、「是正すべき事項を放置している」という印象を持たれてしまいます。

（4）添付書類

是正報告書には、是正が行われたことが確認できる資料を添付してください。たとえば長時間労働についての指摘を受けた場合に、協定届の写しや労働者のタイムカードの写し等、是正の証拠となる資料を添付すると、是正確認がやりやすくなり、監督官から何度も問合せを受けなくて済みます。

4 是正せずに放置した場合の司法処分

多くの企業は指摘に対し真摯に取り組んで是正するのですが、中には、是正報告時には是正したもののその後また違反を繰り返す企業、是正していないのに「是正した」と虚偽の報告を行う企業もあります。このような場合は、悪質であるとして司法処分となり、送検されることもあるので、注意してください。

森井博子がアドバイス！

長時間・過重労働対策にかかる監督指導の違反の内容を見てみると、当然のこととはいえ労働時間関係の違反が多いのが現状です。これを是正しようとすると、会社の仕事のやり方を抜本的に変えなければならない場合も多く、大変なことも事実ではあります。

しかし、形式的に違法状態を解消すればよいと小手先の対応を繰り返していると、最終的には刑事責任を負うことになるリスクもあります（☞QUESTION-16）。これも念頭に、監督官からの是正勧告は真摯に受け止め、全社をあげて抜本的な是正に向け取り組むことが大切です。

労働基準監督署は“今”まさに、建設業に対し、長時間・過重労働にかかる監督指導に強力に取り組んでいるところです。これまでは“たまたま”建設業ではありませんでしたが、「建設業における『かとく』事例」は、いつ起こっても不思議ではありません。少しでも早く取組みを始めましょう！

QUESTION-25

建設業の個別企業での取組み

建設業が働き方改革や長時間・過重労働対策を迫られているのはわかりますが、中小の個別の企業では、何から始めてよいかわからないというのが正直なところです。このような場合、どうすればよいのでしょうか？

1 各種情報へのアンテナを張る

建設業の働き方改革については、厚生労働省や国土交通省が指導・支援を行っています。また、建設事業者団体の日建連も、目に見える形で取組みを行っています。これらの内容についてはそれぞれのホームページでも見ることができますし、また、業界紙や一般紙の関連記事をチェックしておくこともよいでしょう。

企業を運営していくためには、やはり、業界全体で取り組んでいる（取り組まざるを得ない）事項については、それぞれの動きにアンテナを張って、チェックしていく必要があると思います。そして、その中で、「自社の立ち位置がどこで、何をどこまで、どうすべきなのか」ということも考えられたらよいかと思います。

2 得意な分野である「安全管理」のノウハウを「労働時間管理」に応用する

建設業における労働時間管理は、今回のように注目されるまでは労働基準監督署も重点的に指導してこなかったこともあり、そう厳格にやっていない（ハッキリ言ってしまえば結構ルーズ）というのが実態でしょう。仕事が天候により左右されたり、重層下請構造があったりで、「工場のようにきっちりとした時間管理を行うことは、建設業にはとても無理だ」とあきらめられていた部分もあったと思います。

これに対し、安全管理については、長い時間をかけて真剣に取り組んできた結果、著しい成果が出ています。1961 年に年間 2,652 名だった建設業の労災による死亡者数は、2017年には323名に減少しています。これは、建設業の方々が災害防止、安全管理に真摯に取り組んでこられたことによるものです。建設業にとって「得意な分野」であるともいえる、この安全管理のノウハウを、労働時間管理にも応用できないものでしょうか。

たとえば、安全管理も労働時間管理も、「管理」ということでは同じなので、安全管理によく用いられる、安全衛生計画（中期計画・年間計画）の策定、リスクアセスメント、安全施工サイクル、安全衛生教育、PDCAサイクル、企業トップの方針表明等について、それ自体、あるいはその発想・手法を労働時間管理にも応用できるのではないかと思います。安全管理の取組みで成果が上がったものを応用して、いろいろ試してみてください。

3 何から始めるか

労働時間管理にこれまであまり真剣に取り組んでこなかった企業では、まず、労働時間を把握することから始めればよいと思います。きちんと実態が把握できなければ、的確な対策を講じることもできないからです。

その際、「把握の仕方」も大切になってきます。2017年1月20日に策定された「労働時間の適正な把握のために使用者が講ずべき措置に関するガイドライン」（「労働時間適正把握ガイドライン」）は、その意味でも非常に重要なガイドラインであると思います。その内容はしっかり理解しておきましょう。

4 キーポイントとなるのは企業トップの「意識」と「行動」

個別企業を見ていて思うのは、「長時間・過重労働対策が実際にうまくいっているのは、企業トップが本気で対策を講じようとしている企業だ」ということです。長時間労働の実態を是正しようとする場合には、働き方を抜本的に変える必要があります。これは、企業トップが本気で是正しようとして指示しない限りは、難しいでしょう。

森井博子がアドバイス！

□「過労死・過労自殺も労働災害である」という意識を確立しよう！

☞ 過労死・過労自殺も、墜落災害や転倒災害などと同様、労働災害です。「労働災害防止に取り組む」という意識を持って、長時間・過重労働対策に取り組んでいきましょう。

□安全部署と総務部門とで連携しよう！

☞ 安全部署と総務部門——現場への指導力があるのは、圧倒的に安全部署です。労働時間や健康管理に関して総務部門が行う現場への指導は、一部の例外を除いては力が弱く、浸透力も今ひとつというのが実態です。「過労死・過労自殺も労働災害」と考えれば、長時間・過重労働対策は安全部署でも総務部門でも取り組むべき課題であり、それぞれが専門性を活かしながら、連携して取り組むべきでしょう。

現場（一線）の作業員の意識にまで働きかけるにはどうすればよいか、実情に合ったやり方を考えてください。

□新たな勤怠システムを構築しよう！

☞ 現場作業等、建設業の労働時間管理の特殊性を想定した勤怠システムの構築が望まれます。すでに構築してうまく回っているところがあれば、そのやり方を業界全体で広めていただきたいと思います。

□下請に配慮しよう！

☞ 建設業には、「重層請負関係」という特殊性があります。どうしても下請にしわ寄せがいく構造であるため、長時間・過重労働の是正には、元請の配慮が必要です。たとえば、現場の資材・機材等を段取りよく配置できれば、それを待つ無駄な時間はなくなります。こうしたことをうまく行っていくためには、元請の段取り力と配慮はもちろん、物事をスムーズに運ぶための元請・下請相互のコミュニケーションも必要です。

□発注者も特別な配慮をお願いします！

☞ 安全管理と異なり、賃金や労働時間の問題は、「各社固有の問題」として、元請も下請の管理にはあまり口を出してきませんでした。しかし、重層請負という「働き方」の中で適切な労働時間管理を行うことは、元請の協力なくしては、さらに言えば発注者の協力がなければ、できません。元請と発注者の大きな支えがあって初めて、事は進むと思います。

資　料

働き方改革実行計画（抜粋）

平成29年3月28日
働き方改革実現会議決定

1．働く人の視点に立った働き方改革の意義

（1）経済社会の現状　（略）

（2）今後の取組の基本的考え方

日本経済再生に向けて、最大のチャレンジは働き方改革である。「働き方」は「暮らし方」そのものであり、働き方改革は、日本の企業文化、日本人のライフスタイル、日本の働くということに対する考え方そのものに手を付けていく改革である。多くの人が、働き方改革を進めていくことは、人々のワーク・ライフ・バランスにとっても、生産性にとっても好ましいと認識しながら、これまでトータルな形で本格的改革に着手することができてこなかった。その変革には、社会を変えるエネルギーが必要である。

安倍内閣は、一人ひとりの意思や能力、そして置かれた個々の事情に応じた、多様で柔軟な働き方を選択可能とする社会を追求する。働く人の視点に立って、労働制度の抜本改革を行い、企業文化や風土を変えようとするものである。

改革の目指すところは、働く方一人ひとりが、より良い将来の展望を持ち得るようにすることである。多様な働き方が可能な中において、自分の未来を自ら創っていくことができる社会を創る。意欲ある方々に多様なチャンスを生み出す。

日本の労働制度と働き方には、労働参加、子育てや介護等との両立、転職・再就職、副業・兼業など様々な課題があることに加え、労働生産性の向上を阻む諸問題がある。「正規」、「非正規」という2つの働き方の不合理な処遇の差は、正当な処遇がなされていないという気持ちを「非正規」労働者に起こさせ、頑張ろうという意欲をなくす。これに対し、正規と非正規の理由なき格差を埋めていけば、自分の能力を評価されていると納得感が生じる。納得感は労働者が働くモチベーションを誘引するインセンティブとして重要であり、

それによって労働生産性が向上していく。また、長時間労働は、健康の確保だけでなく、仕事と家庭生活との両立を困難にし、少子化の原因や、女性のキャリア形成を阻む原因、男性の家庭参加を阻む原因になっている。これに対し、長時間労働を是正すれば、ワーク・ライフ・バランスが改善し、女性や高齢者も仕事に就きやすくなり、労働参加率の向上に結びつく。経営者は、どのように働いてもらうかに関心を高め、単位時間（マンアワー）当たりの労働生産性向上につながる。さらに、単線型の日本のキャリアパスでは、ライフステージに合った仕事の仕方を選択しにくい。これに対し、転職が不利にならない柔軟な労働市場や企業慣行を確立すれば、労働者が自分に合った働き方を選択して自らキャリアを設計できるようになり、付加価値の高い産業への転職・再就職を通じて国全体の生産性の向上にもつながる。

働き方改革こそが、労働生産性を改善するための最良の手段である。生産性向上の成果を働く人に分配することで、賃金の上昇、需要の拡大を通じた成長を図る「成長と分配の好循環」が構築される。個人の所得拡大、企業の生産性と収益力の向上、国の経済成長が同時に達成される。すなわち、働き方改革は、社会問題であるとともに、経済問題であり、日本経済の潜在成長力の底上げにもつながる、第三の矢・構造改革の柱となる改革である。

雇用情勢が好転している今こそ、働き方改革を一気に進める大きなチャンスである。政労使が正に３本の矢となって一体となって取り組んでいくことが必要である。多様かつ柔軟な働き方が選択可能となるよう、社会の発想や制度を大きく転換しなければならない。世の中から「非正規」という言葉を一掃していく。そして、長時間労働を自慢するかのような風潮が蔓延・常識化している現状を変えていく。さらに、単線型の日本のキャリアパスを変えていく。

人々が人生を豊かに生きていく。中間層が厚みを増し、消費を押し上げ、より多くの方が心豊かな家庭を持てるようになる。そうなれば、日本の出生率は改善していく。働く人々の視点に立った働き方改革を、着実に進めていく。

（３）本プランの実行

（コンセンサスに基づくスピードと実行）

働き方改革実現会議は、総理が自ら議長となり、労働界と産業界のトップと有識者が集まって、これまでよりレベルを上げて議論する場として設置された。同一労働同一賃金の実現に向けて、有識者の検討報告を経てガイドライン案を提示し、これを基に法改正の在り方について議論を行った。長時間労働の是正については、上限規制等についての労使合意を経て、政労使による提案がなされるに至った。さらに全体で 9 つの分野について、具体的な方向性を示すための議論が行われた。本実行計画はその成果である。働く方の実態を最もよく知っている労働側と使用者側、さらには他の有識者も含め合意形成をしたものである。

労働界、産業界等はこれを尊重し、労働政策審議会において本実行計画を前提にスピード感を持って審議を行い、政府は関係法律案等を早期に国会に提出することが求められる。

スピードと実行が重要である。なかでも罰則付きの時間外労働の上限規制は、これまで長年、労働政策審議会で議論されてきたものの、結論を得ることができなかった、労働基準法 70 年の歴史の中で歴史的な大改革である。今般、労働界と産業界が合意できたことは画期的なことであり、いまこそ政労使が、必ずやり遂げるという強い意志を持って法制化に取り組んでいかなければならない。

（ロードマップに基づく長期的かつ継続的な取組）

働き方改革の実現に向けては、前述の基本的考え方に基づき、改革のモメンタムを絶やすことなく、長期的かつ継続的に実行していくことが必要である。働き方改革の基本的な考え方と進め方を示し、その改革実現の道筋を確実にするため、法制面も含め、その所期の目的達成のための政策手段について検討する。また、最も重要な課題をロードマップにおいて示し、重点的に推進する。

さらに、労使など各主体が、経済社会の担い手として新たな行動に踏み出すことが不可欠である。特に、国民一人ひとりの経済活動・社会生活に強い影響力がある企業には、積極的な取組が期待される。

（フォローアップと施策の見直し）

また、本実行計画で決定したロードマップの進捗状況については、継続的に実施状況を調査し、施策の見直しを図る。このため、本実行計画決定を機に、働き方改革実現会議を改組して同一の構成員からなる働き方改革フォローアップ会合を設置し、フォローアップを行うこととする。

４．罰則付き時間外労働の上限規制の導入など長時間労働の是正

（基本的考え方）

（働き方改革実行計画④）

我が国は欧州諸国と比較して労働時間が長く、この 20 年間フルタイム労働者の労働時間はほぼ横ばいである。仕事と子育てや介護を無理なく両立させるためには、長時間労働を是正しなければならない。働く方の健康の確保を図ることを大前提に、それに加え、マンアワー当たりの生産性を上げつつ、ワーク・ライフ・バランスを改善し、女性や高齢者が働きやすい社会に変えていく。

長時間労働の是正については、いわゆる 36 協定でも超えることができない、罰則付きの時間外労働の限度を具体的に定める法改正が不可欠である。

他方、労働基準法は、最低限守らなければならないルールを決めるものであり、企業に対し、それ以上の長時間労働を抑制する努力が求められることは言うまでもない。長時間労働は、構造的な問題であり、企業文化や取引慣行を見直すことも必要である。「自分の若いころは、安月給で無定量・無際限に働いたものだ。」と考える方も多数いるかもしれないが、かつての「モーレツ社員」という考え方自体が否定される日本にしていく。労使が先頭に立って、働き方の根本にある長時間労働の文化を変えることが強く期待される。

（法改正の方向性）

現行の時間外労働の規制では、いわゆる 36 協定で定める時間外労働の限度を厚生労働大臣の限度基準告示で定めている。ここでは、36 協定で締結できる時間外労働の上限を、原則、月 45 時間以内、かつ年 360 時間以内と定めているが、罰則等による強制力がない上、臨時的な特別の事情がある場合として、労使が合意して特別条項を設けることで、上限無く時間外労働が可能となっている。

今回の法改正は、まさに、現行の限度基準告示を法律に格上げし、罰則による強制力を持たせるとともに、従来、上限無く時間外労働が可能となっていた臨時的な特別の事情がある場合として労使が合意した場合であっても、上回ることのできない上限を設定するものである。

すなわち、現行の告示を厳しくして、かつ、法律により強制力を持たせたものであり、厳しいものとなっている。

労働基準法の改正の方向性は、日本労働組合総連合会、日本経済団体連合会の両団体が時間外労働の上限規制等に関して別添 2（略）のとおり労使合意したことを踏まえて、以下のとおりとする。

（時間外労働の上限規制）

週 40 時間を超えて労働可能となる時間外労働の限度を、原則として、月 45 時間、かつ、年 360 時間とし、違反には以下の特例の場合を除いて罰則を課す。特例として、臨時的な特別の事情がある場合として、労使が合意して労使協定を結ぶ場合においても、上回ることができない時間外労働時間を年 720 時間（＝月平均 60 時間）とする。かつ、年 720 時間以内において、一時的に事務量が増加する場合について、最低限、上回ることのできない上限を設ける。

この上限について、①2 か月、3 か月、4 か月、5 か月、6 か月の平均で、いずれにおいても、休日労働を含んで、80 時間以内を満たさなければならないとする。②単月では、休日労働を含んで 100 時間未満を満たさなければならないとする。③加えて、時間外労働の限度の原則は、月 45 時間、かつ、年 360 時間であることに鑑み、これを上回る特例の適用は、年半分を上回らないよう、年 6 回を上限とする。

他方、労使が上限値までの協定締結を回避する努力が求められる点で合意したことに鑑み、さらに可能な限り労働時間の延長を短くするため、新たに労働基準法に指針を定める規定を設けることとし、行政官庁は、当該指針に関し、使用者及び労働組合等に対し、必要な助言・指導を行えるようにする。

（パワーハラスメント対策、メンタルヘルス対策）

労働者が健康に働くための職場環境の整備に必要なことは、労働時間管理の厳格化だけではない。上司や同僚との良好な人間関係づくりを併せて推進する。このため、職場のパワーハラスメント防止を強化するため、政府は労使関係者を交えた場で対策の検討を行う。併せて、過労死等防止対策推進法に基づく大綱においてメンタルヘルス対策等の新たな目標を掲げることを検討するなど、政府目標を見直す。

（勤務間インターバル制度）

労働時間等の設定の改善に関する特別措置法を改正し、事業者は、前日の終業時刻と翌日の始業時刻の間に一定時間の休息の確保に努めなければならない旨の努力義務を課し、制度の普及促進に向けて、政府は労使関係者を含む有識者検討会を立ち上げる。また、政府は、同制度を導入する中小企業への助成金の活用や好事例の周知を通じて、取り組みを推進する。

（法施行までの準備期間の確保）

中小企業を含め、急激な変化による弊害を避けるため、十分な法施行までの準備時間を確保する。

（見直し）

政府は、法律の施行後５年を経過した後適当な時期において、改正後の労働基準法等の実施状況について検討を加え、必要があると認めるときは、その結果に応じて所要の見直しを行うものとする。

（現行の適用除外等の取扱）

現行制度で適用除外となっているものの取り扱いについては、働く人の視点に立って働き方改革を進める方向性を共有したうえで、実態を踏まえて対応の在り方を検討する必要がある。

自動車の運転業務については、現行制度では限度基準告示の適用除外とされている。その特殊性を踏まえ、拘束時間の上限を定めた「自動車運転者の労働時間等の改善のための基準」で自動車運送事業者への監督を行っているが、限度基準告示の適用対象となっている他業種と比べて長時間労働が認められている。これに対し、今回は、罰則付きの時間外労働規制の適用除外とせず、改正法の一般則の施行期日の５年後に、年960時間（＝月平均80時間）以内の規制を適用することとし、かつ、将来的には一般則の適用を目指す旨の規定を設けることとする。５年後の施行に向けて、荷主を含めた関係者で構成する協議会で労働時間の短縮策を検討するなど、長時間労働を是正するための環境整備を強力に推進する。

建設事業については、限度基準告示の適用除外とされている。これに対し、今回は、罰則付きの時間外労働規制の適用除外とせず、改正法の一般則の施行期日の５年後に、罰則付き上限規制の一般則を適用する（ただし、復旧・復興の場合については、単月で100時間未満、２か月ないし６か月の平均で80時間以内の条件は適用しない）。併せて、将来的には一般則の適用を目指す旨の規定を設けることとする。５年後の施行に向けて、発注者の理解と協力も得ながら、労働時間の段階的な短縮に向けた取組を強力に推進する。

医師については、時間外労働規制の対象とするが、医師法に基づく応召義務等の特殊性を踏まえた対応が必要である。具体的には、改正法の施行期日の５年後を目途に規制を適用することとし、医療界の参加の下で検討の場を設け、質の高い新たな医療と医療現場の新たな働き方の実現を目指し、２年後を目途に規制の具体的な在り方、労働時間の短縮策等について検討し、結論を得る。

新技術、新商品等の研究開発の業務については、現行制度では適用除外とされている。これについては、専門的、科学的な知識、技術を有する者が従事する新技術、新商品等の研究開発の業務の特殊性が存在する。このため、医師による面接指導、代替休暇の付与など実効性のある健康確保措置を課すことを前提に、現行制度で対象となっている範囲を超えた職種に拡大することのないよう、その対象を明確化した上で適用除外とする。

（事前に予測できない災害その他事項の取扱）

突発的な事故への対応を含め、事前に予測できない災害その他避けることのできない事由については、労働基準法第 33 条による労働時間の延長の対象となっており、この措置は継続する。措置の内容については、サーバーへの攻撃によるシステムダウンへの対応や大規模なリコールへの対応なども含まれていることを解釈上、明確化する。

（取引条件改善など業種ごとの取組の推進）

取引関係の弱い中小企業等は、発注企業からの短納期要請や、顧客からの要求などに応えようとして長時間労働になりがちである。商慣習の見直しや取引条件の適正化を、一層強力に推進する。

自動車運送事業については、関係省庁横断的な検討の場を設け、IT の活用等による生産性の向上、多様な人材の確保・育成等の長時間労働を是正するための環境を整備するための関連制度の見直しや支援措置を行うこととし、行動計画を策定・実施する。特にトラック運送事業においては、事業者、荷主、関係団体等が参画して実施中の実証事業を踏まえてガイドラインを策定するとともに、関係省庁と連携して、①下請取引の改善等取引条件を適正化する措置、②複数のドライバーが輸送行程を分担することで短時間勤務を可能にする等生産性向上に向けた措置や③荷待ち時間の削減等に対する荷主の協力を確保するために必要な措置、支援策を実施する。

建設業については、適正な工期設定や適切な賃金水準の確保、週休２日の推進等の休日確保など、民間も含めた発注者の理解と協力が不可欠であることから、発注者を含めた関係者で構成する協議会を設置するとともに、制度的な対応を含め、時間外労働規制の適用に向けた必要な環境整備を進め、あわせて業界等の取組に対し支援措置を実施する。また、技術者・技能労働者の確保・育成やその活躍を図るため制度的な対応を含めた取組を行うとともに、施工時期の平準化、全面的な ICT の活用、書類の簡素化、中小建設企業への支援等により生産性の向上を進める。

IT 産業については、平均時間外労働時間を 1 日 1 時間以内にするといった業界団体等による数値目標を政府がフォローアップし、長時間労働是正の取組を促す。

（企業本社への監督指導等の強化）

過重労働撲滅のための特別チーム（かとく）による重大案件の捜査などを進めるとともに、企業トップの責任と自覚を問うため、違法な長時間労働等が複数事業場で認められた企業などには、従来の事業場単位だけではなく、企業本社への立ち入り調査や、企業幹部に対するパワハラ対策を含めた指導を行い、全社的な改善を求める。また、企業名公表制度について、複数事業場で月 80 時間超の時間外労働違反がある場合などに拡大して強化する。

（意欲と能力ある労働者の自己実現の支援）

創造性の高い仕事で自律的に働く個人が、意欲と能力を最大限に発揮し、自己実現をすることを支援する労働法制が必要である。現在国会に提出中の労働基準法改正法案に盛り込まれている改正事項は、長時間労働を是正し、働く方の健康を確保しつつ、その意欲や能力を発揮できる新しい労働制度の選択を可能とするものである。

具体的には、中小企業における月 60 時間超の時間外労働に対する割増賃金の見直しや年次有給休暇の確実な取得などの長時間労働抑制策とともに、高度プロフェッショナル制度の創設や企画業務型裁量労働制の見直しなどの多様で柔軟な働き方の実現に関する法改正である。この法改正について、国会での早期成立を図る。

資料２　働き方改革実行計画工程表（抜粋）

項目３．長時間労働の是正

④　法改正による時間外労働の上限規制の導入（その１）

【働く人の視点に立った課題】

長時間労働者の割合が欧米各国に比して多く、仕事と家庭の両立が困難。

- 週労働時間49時間以上の労働者の割合：日21.3% 米16.6% 英12.5% 仏10.4% 独10.1%（2014年）
- 週労働時間60時間以上の労働者の割合が、政府目標（５%以下（2020年））に対して、7.7%（30代男性14.7%）（2016年）
- ３６協定の特別条項において80時間超の限度を設定する３６協定締結事業場4.8%（大企業14.6%）（2013年）
- 監督対象となる月80時間超の事業場：約2万事業場（2016年度推計）
- 2016年４～９月に10,059事業場に監督指導を実施、4,416事業場（43.9%）に違法な時間外労働（うち１か月あたり80時間を超えるもの：3,450事業場（34.3%））
- 若者が転職しようと思う理由「労働時間・休日・休暇の条件がよい会社にかわりたい」
  2009年：37.1% → 2013年：40.6%

【今後の対応の方向性】

いわゆる３６協定でも超えることができない罰則付きの時間外労働の上限規制を導入するとともに、さらに長時間労働を是正するため、企業文化や取引慣行の見直しを推進する。これにより、労働参加と労働生産性の向上を図るとともに、働く方の健康を確保しつつワーク・ライフ・バランスを改善し、長時間労働を自慢する社会を変えていく。

【具体的な施策】

（時間外労働の上限規制）

<原則>

- 週40時間を超えて労働可能となる時間外労働時間の限度を、原則として、月45時間、かつ、年360時間とし、違反には次に掲げる特例を除いて罰則を課す。

<特例>

- 特例として、臨時的な特別の事情がある場合として、労使が合意して労使協定を結ぶ場合においても、上回ることができない時間外労働時間を年720時間（＝月平均60時間）とする。
- 年720時間以内において、一時的に事務量が増加する場合について、最低限、上回ることのできない上限を設ける。
- この上限については、
  ①２か月、３か月、４か月、５か月、６か月の平均で、いずれにおいても、休日労働を含んで80時間以内を満たさなければならないとする。
  ②単月では、休日労働を含んで100時間未満を満たさなければならないとする。
  ③加えて、時間外労働の限度の原則は、月45時間、かつ、年360時間であることに鑑み、これを上回る特例の適用は、年半分を上回らないよう、年６回を上限とする。

- 労使が上限値までの協定締結を回避する努力が求められる点で合意したことに鑑み、さらに可能な限り労働時間の延長を短くするため、新たに労働基準法に指針を定める規定を設けることとし、行政官庁は、当該指針に関し、使用者及び労働組合等に対し、必要な助言・指導を行えるようにする。
- 中小企業を含め、急激な変化による弊害を避けるため、十分な法施行までの準備期間を確保する。
- 政府は、この法律の施行後５年を経過した後適当な時期において、この法律による改正後の規定の実施状況について検討を加え、必要があると認めるときは、その結果に応じて所要の見直しを行うものとする。

施策＼年度	2017年度	2018年度	2019年度	2020年度	2021年度	2022年度	2023年度	2024年度	2025年度	2026年度	2027年度以降	指標
時間外労働の上限規制	現在提出中の労働基準法改正案の早期成立を図る 実行計画に基づき労働基準法改正案を国会に提出	施行準備・周知徹底期間をとった上で段階的に施行・施行後5年を経過した後適当な時期において、見直しを行う										時間外労働を行う場合でも、原則月45時間、年360時間以内となることを目指す。

36

項目３．長時間労働の是正

④　法改正による時間外労働の上限規制の導入（その２）

【働く人の視点に立った課題】

長時間労働者の割合が欧米各国に比して多く、仕事と家庭の両立が困難。

- 週労働時間49時間以上の労働者の割合：日21.3％ 米16.6％ 英12.5％ 仏10.4％ 独10.1％（2014年）
- 週労働時間60時間以上の労働者の割合が、政府目標（５％以下（2020年））に対して、7.7％（30代男性14.7％）（2016年）
- ３６協定の特別条項において80時間超の限度を設定する３６協定締結事業場4.8％（大企業14.6％）（2013年）
- 監督対象となる月80時間超の事業場：約2万事業場（2016年度推計）
- 2016年４～９月に10,059事業場に監督指導を実施、4,416事業場（43.9％）に違法な時間外労働（うち１か月あたり80時間を超えるもの：3,450事業場（34.3％））
- 若者が転職しようと思う理由「労働時間・休日・休暇の条件がよい会社にかわりたい」
  2009年：37.1％ → 2013年：40.6％

【具体的な施策】

（時間外労働の上限規制）

- 自動車の運転業務については、罰則付きの時間外労働規制の適用除外とせず、改正法の一般則の施行期日の５年後に、年960時間（＝月平均80時間）以内の規制を適用することとし、かつ、将来的には一般則の適用を目指す旨の規定を設けることとする。５年後の施行に向けて、荷主を含めた関係者で構成する協議会で労働時間の短縮策を検討するなど、長時間労働を是正するための環境整備を強力に推進する。
- 建設事業については、罰則付きの時間外労働規制の適用除外とせず、改正法の一般則の施行期日の５年後に、罰則付き上限規制の一般則を適用する（ただし、復旧・復興の場合については、単月で100時間未満、２か月ないし６か月の平均で80時間以内の条件は適用しない）。併せて、将来的には一般則の適用を目指す旨の規定を設けることとする。５年後の施行に向けて、発注者の理解と協力も得ながら、労働時間の段階的な短縮に向けた取組を強力に推進する。
- 医師については、改正法の施行期日の５年後を目途に規制を適用することとし、医療界の参加の下で検討の場を設け、質の高い新たな医療と医療現場の新たな働き方の実現を目指し、２年後を目途に規制の具体的な在り方、労働時間の短縮策等について検討し、結論を得る。
- 新技術、新商品等の研究開発の業務については、専門的、科学的な知識、技術を有する者が従事する新技術、新商品等の研究開発の業務の特殊性が存在する。このため、医師による面接指導、代替休暇の付与など実効性のある健康確保措置を課すことを前提に、現行制度で対象となっている範囲を超えた職種に拡大することのないよう、その対象を明確化した上で適用除外とする。

施策＼年度	2017年度	2018年度	2019年度	2020年度	2021年度	2022年度	2023年度	2024年度	2025年度	2026年度	2027年度以降	指標
時間外労働の上限規制	現在提出中の労働基準法改正案の早期成立を図る 実行計画に基づき労働基準法改正案を国会に提出	施行準備・周知徹底期間をとった上で段階的に施行・施行後5年を経過した後適当な時期において、見直しを行う										時間外労働を行う場合でも、原則月45時間、年360時間以内となることを目指す。

37

項目３．長時間労働の是正

④　法改正による時間外労働の上限規制の導入（その３）

【働く人の視点に立った課題】

自動車運送事業者において、担い手が不足しており、少ない労働者に負担がかかっている。

建設業における長時間労働については、発注者との取引環境もその要因にあるため、関係者を含めた業界全体としての環境整備が必要。

・産業別年間総実労働時間（2016年）
　運輸業　　2,054時間
　建設業　　2,056時間

トラック運送事業者は荷主と比べて立場が弱く、荷待ち時間の負担等を強いられている。

・１運行あたり平均１時間45分の荷待ち時間が発生している（2015年度）

【具体的な施策】
（長時間労働の是正に向けた業種ごとの取組等）

・自動車運送事業については、以下の取組を実施する。
　① 関係省庁横断的な検討の場を設け、ITの活用等による生産性の向上、多様な人材の確保・育成等の長時間労働を是正するための環境を整備するための関連制度の見直しや支援措置を行うこととし、行動計画を策定・実施する。
　② 無人自動走行による移動サービスやトラックの隊列走行等の実現に向けた実証実験・社会実装等を推進するなど、クルマのICT革命や物流生産性革命を推進する。

・また、特にトラック運送事業において以下の取組を実施する。
　① トラック運送事業者、荷主、関係団体、関係省庁等が参画する協議会等において、実施中の実証事業を踏まえて、2017年度～2018年度にかけてガイドラインを策定する。
　② 関係省庁と連携して、①下請取引の改善等取引条件を適正化する措置、②複数のドライバーが輸送行程を分担することで短時間勤務を可能にする等生産性向上に向けた措置や③荷待ち時間の削減等に対する荷主の協力を確保するために必要な措置、支援策を実施する。

・建設業については、以下の取組を実施する。
　① 適正な工期設定や適切な賃金水準の確保、週休2日の推進等の休日確保など、民間も含めた発注者の理解と協力が不可欠であることから、発注者を含めた関係者で構成する協議会を設置するとともに、制度的な対応を含め、時間外労働規制の適用に向けた必要な環境整備を進め、あわせて業界等の取組に対し支援措置を実施する。
　② 技術者・技能労働者の確保・育成やその活躍を図るため制度的な対応を含めた取組を行うとともに、施工時期の平準化やICTを全面的に活用したi-Constructionの取組、書類の簡素化、中小建設企業への支援等により生産性の向上を進める。

施策＼年度	2017年度	2018年度	2019年度	2020年度	2021年度	2022年度	2023年度	2024年度	2025年度	2026年度	2027年度以降	指標
長時間労働の是正に向けた業種ごとの取組等【自動車運送事業】	行動計画の策定	行動計画に基づき、関連制度の見直しや支援措置を実施			関係者による取組の促進・深化							現在適用除外となっている事業・業務についても、時間外労働を抑制する法的枠組を構築する。
	無人自動走行機能の様々な類型毎の実証		民間での事業化に向けた準備	サービス地域の拡大								
				クルマのICT革命・物流生産性革命の更なる推進								
【トラック運送事業】	荷主と連携した協議会パイロット事業の実施、ガイドラインの策定・普及等		ガイドラインの普及・定着、定期的なフォローアップ、取引条件の改善等、トラック運送事業者と荷主が連携した取組への支援									
	荷主や関係省庁等が参加する協議会等において、荷待ち時間の削減等に対する荷主の協力を確保するために必要な措置を検討				関係者による取組の促進・深化							
	中継輸送の普及促進等、生産性向上のための措置の検討・創設											
【建設業】	適正な工期設定等に向けた環境整備方策の検討・推進 ・受発注者等からなる協議組織の設置 ・取引条件の改善に向けた取組 ・週休２日工事の実施　等		適正な工期の設定・週休２日など休日の拡大を進める									
	・施工時期の平準化、ICT土工の推進並びにICT活用工種の拡大(i-Constructionの推進)、書類の簡素化 ・技術者等を確保・育成、効率的な活用を図るための取組の検討・実施　等			取組をさらに進める								

38

memo

建設工事における適正な工期設定等のためのガイドライン

平成２９年８月２８日

（第１次改訂：平成３０年７月２日）

建設業の働き方改革に関する関係省庁連絡会議

目　次

建設工事における適正な工期設定等のためのガイドライン

平成３０年７月２日
建設業の働き方改革に関する
関係省庁連絡会議　申合せ

１．ガイドラインの趣旨等

（１）背景

建設業については、現行の労働基準法上、いわゆる３６協定で定める時間外労働の限度に関する基準（限度基準告示）の適用対象外とされているが、第 196 回通常国会で成立した「働き方改革を推進するための関係法律の整備に関する法律」（以下「働き方改革関連法」という。）による改正後の労働基準法において、労使協定を結ぶ場合でも上回ることのできない時間外労働の上限について法律に定めたうえで、違反について罰則を科すこととされ、建設業に関しても、平成 31 年４月の法施行から５年間という一定の猶予期間を置いたうえで、罰則付き上限規制の一般則を適用することとされている。

当該規制の適用に当たっては、個々の建設業者や建設業界全体において、時間外労働に係る割増賃金の支払い徹底などの適切な労務管理も含め、建設業の担い手ひとり一人の長時間労働の是正や週休２日の確保などの働き方改革に向けた取組が不可欠であることは言うまでもない。そのために、当然としてまずは施工の効率化や品質・安全性の向上、重層下請構造の改善など、生産性向上に向けたより一層の自助努力が強く求められる。そのうえで、こうした内なる努力と併せて、建設業の担い手ひとり一人の週休２日の確保のための適正な工期の設定などについて、発注者や国民を広く意識し、その理解を得ていくための外なる努力・取組が必要である。

建設業の働き方改革に向けては、民間も含めた発注者の理解と協力が必要であることから、建設業への時間外労働の上限規制の適用までの間においても、関係者一丸となった取組を強力に推進するため、平成 29 年６月には「建設業の働き方改革に関する関係省庁連絡会議」を設置し、８月には「建

－１－

設工事における適正な工期設定等のためのガイドライン」を策定したところである。さらに、同ガイドラインの浸透及び不断の改善に向け、「建設業の働き方改革に関する協議会」（主要な民間発注者団体、建設業団体及び労働組合が参画）の設置と併せて、業種別の連絡会議（鉄道、住宅・不動産、電力及びガス）を設置し、業種ごとの特殊事情や契約状況等を踏まえた対応方策の検討を重ねているところである。

（２）趣旨

本ガイドラインは、これらの会議における議論も踏まえ、建設業への時間外労働に係る上限規制の適用に向けた取組の一つとして、公共・民間含め全ての建設工事において働き方改革に向けた生産性向上や適正な工期設定等が行われることを目的として策定するものである。

国の発注工事においては、本ガイドラインに沿った工事の実施を徹底し、地方公共団体及び独立行政法人等に対しても、本ガイドラインの遵守のための取組を強化するよう要請する。

また、民間工事の請負契約は、発注の特性や市場の環境等を踏まえ受発注者間の協議・交渉により締結されるものであることに留意しつつ、民間発注者団体に対しても、本ガイドラインに沿った工事の実施がなされるよう、内容を周知し、理解と協力を求める。

さらに、建設業界においても、本ガイドラインに沿って、下請契約も含め適正な工期設定を行うことを通じて、時間外労働に係る割増賃金の支払い徹底などの適切な労務管理とも相まって、建設業の担い手ひとり一人の時間外労働の段階的な削減や週休２日の確保に向けた計画の策定、業界を挙げた運動など、働き方改革への具体的かつ実効的な取組へと確実に結びつけていくこと、また、発注者や国民の理解を得るための生産性向上に業界を挙げて取り組むことを求める。

建設業は、インフラや建築物の整備の担い手として我が国経済・社会の根幹を支える基幹産業であると同時に、災害時には社会の安全・安心の確保を担う、我が国の国土保全上必要不可欠な地域の守り手である。本ガイドラインに沿って、建設業の生産性向上等も踏まえて適正な工期の設定に向けた取組が推進されることは、長時間労働の是正や週休２日の推進など建設業

－ 2 －

への時間外労働の上限規制の適用に向けた環境整備につながることは勿論、それのみならず、建設業の働き方改革を通じ、魅力的な産業として将来にわたって建設業の担い手を確保していくことにより、最終的には我が国国民の利益にもつながるものである。

【参考】働き方改革実行計画（平成29年3月28日働き方改革実現会議決定）抜粋

（現行の適用除外等の取扱）
　建設事業については、限度基準告示の適用除外とされている。これに対し、今回は、罰則付きの時間外労働規制の適用除外とせず、改正法の一般則の施行期日の5年後に、罰則付き上限規制の一般則を適用する（ただし、復旧・復興の場合については、単月で100時間未満、2か月ないし6か月の平均で80時間以内の条件は適用しない）。併せて、将来的には一般則の適用を目指す旨の規定を設けることとする。5年後の施行に向けて、発注者の理解と協力も得ながら、労働時間の段階的な短縮に向けた取組を強力に推進する。

（取引条件改善など業種ごとの取組の推進）
　建設業については、適正な工期設定や適切な賃金水準の確保、週休2日の推進等の休日確保など、民間も含めた発注者の理解と協力が不可欠であることから、発注者を含めた関係者で構成する協議会を設置するとともに、制度的な対応を含め、時間外労働規制の適用に向けた必要な環境整備を進め、あわせて業界等の取組に対し支援措置を実施する。また、技術者・技能労働者の確保・育成やその活躍を図るため制度的な対応を含めた取組を行うとともに、施工時期の平準化、全面的なICT の活用、書類の簡素化、中小建設企業への支援等により生産性の向上を進める。

（注）本ガイドラインにおける用語の定義は、以下のとおり。
「受注者」…発注者から直接工事を請け負った請負人をいう。
「発注者」…建設工事の最初の注文者（いわゆる「施主」）をいう。
「元請」……下請契約における注文者をいう。
「下請」……下請契約における請負人をいう。

2．時間外労働の上限規制の適用に向けた基本的な考え方

（1）請負契約の締結に係る基本原則

　建設工事の請負契約については、建設業法（第18条、第19条等）において、受発注者が対等な立場における合意に基づいて公正な契約を締結し、信義に従って誠実に履行しなければならないことや、工事内容や請負代金の

－3－

額、工期等について書面に記載すること、不当に低い請負代金の禁止などのルールが定められている。また、労働安全衛生法（第３条）においても、仕事を他人に請け負わせる者は、施工方法、工期等について、安全で衛生的な作業の遂行をそこなうおそれのある条件を附さないように配慮しなければならないこととされている。

受発注者は、これら法令の規定を遵守し、双方対等な立場に立って、十分な協議や質問回答の機会、調整期間を設け、契約内容について理解したうえで工事請負契約を締結するのが基本原則である。

（２）受注者の役割

受注者は、時間外労働の上限規制の適用に向けて、３（３）に記載する ICT の活用による施工の効率化など、より一層の生産性向上に向けての取組を推進することが不可欠である。

また、受注者は、下請も含め建設工事に従事する者が時間外労働の上限規制に抵触するような長時間労働を行うことを前提とした不当に短い工期となることのないよう、適正な工期での請負契約を締結する役割を担う。なお、当然のことながら、適正な工期の下、設計図書等に基づいて工事目的物を完成させ、契約で定めた期日までに発注者に引き渡す役割を担う。

民間工事においては、発注者が設計図書等において仕様や施工条件等を示し、受注者が施工に必要と考える工期を発注者に提示したうえで、請負契約が締結される場合も多いことを踏まえ、受注者は、請負契約の締結の際、本ガイドラインに沿って適正な工期を設定し、当該工期の考え方等を発注者に対して適切に説明するものとする。

また、下請契約を締結する場合の受注者は、適正な工期により一次下請契約を締結するのは勿論のこと、受発注者間の工期設定がそれ以降の下請契約に係る工期設定の前提となることを十分に認識し、適正な工期での請負契約の締結や適切な工期変更、下請契約に係る工期の適正化に関する取組等を行うものとする。

（３）発注者の役割

発注者は、長時間労働の是正や週休２日の確保など建設業への時間外労働の上限規制の適用に向けた環境整備に配慮して、適正な工期での請負契約を締結する役割を担う。また、当初の設計図書の施工条件等が不明確であると、工事の手戻り等により、後工程における長時間労働につながりかねないことから、発注者は、設計図書等において施工条件等をできるだけ明確にすることが求められる。

公共工事においては、通常、入札公告等において当初の工期が定められることから、発注者には、本ガイドラインに沿って適正な工期を設定する役割が求められる。また、長時間労働の是正等の観点からも、公共工事入札契約適正化法や公共工事品質確保法に定める発注者の責務等を遵守する必要がある。

民間工事においては、発注者は必要に応じ、受注者に対し、工期に関する適切な情報提供を求めるとともに、その説明等を踏まえ、本ガイドラインに沿って適正な工期での請負契約を締結することが求められる。なお、公募等により、発注者において当初の工期を定める場合は、公共工事の発注者と同様に、本ガイドラインに沿って適正な工期を設定するよう、理解と協力が求められる。

（４）施工上のリスクに関する情報共有と役割分担の明確化

受発注者は、「民間建設工事の適正な品質を確保するための指針」（平成28年７月国土交通省策定）を踏まえ、工期の変更が必要となった場合における協議を円滑に実施する観点から、工事の実施に先立って、工期への影響を含め具体的にどのような施工上のリスクが存在するか等に関して情報共有や意思疎通を図り、不明な点や各々の役割分担についてできる限り明確化しておくことが望ましい。

３．時間外労働の上限規制の適用に向けた取組

（１）適正な工期設定・施工時期等の平準化

○　工期の設定に当たっては、現場技術者や下請の社員、技能労働者などを含め建設工事に従事する全ての者が時間外労働の上限規制に抵触するよ

うな長時間労働を行うことのないよう、当該工事の規模及び難易度、地域の実情、自然条件、工事内容、施工条件等のほか、建設工事に従事する者の週休２日の確保等、下記の条件を適切に考慮するものとする。

・ 建設工事に従事する者の休日（週休２日に加え、祝日、年末年始及び夏季休暇）

【参考】（一社）日本建設業連合会における取組（例）

○　時間外労働の段階的な削減や週休２日の確保を実現するためには、発注者や国民の理解を得るための自助努力が不可欠であることから、工期の延伸をできる限り抑制するための生産性向上に向けた指針として、2020 年までの５年間を対象期間とする「生産性向上推進要綱」を策定し、フォローアップの実施、優良事例集の作成などを通じて各企業の取組を積極的に支援している。

○ 「時間外労働の適正化に向けた自主規制の試行」（平成 29 年９月）として、改正法施行後３年目までは年間 960 時間以内、４・５年目は年間 840 時間以内を目指すなど、猶予期間後の上限規制（年間 720 時間）の適用に先んじて時間外労働を段階的に削減するとしている。

○ 「週休二日実現行動計画」（平成 29 年 12 月）を策定し、原則として全ての工事現場を対象として、平成 31 年度末までに４週６閉所以上、平成 33 年度末までに４週８閉所の実現を目指すとともに、「統一土曜閉所運動」として、平成 30 年度は毎月第２土曜日、平成 31 年度からは毎月第２・４土曜日の現場閉所を促すこととしている。

【参考】（一社）全国建設業協会における取組（例）

○　働き方改革行動憲章を具体的に推進するため『休日　月１＋（ﾂｷｲﾁﾌﾟﾗｽ）』運動を実施し、会員各企業において、平成30　年度以降、建設業への長時間労働の罰則規定の適用を待つことなく４週８休を確保することを最終目標に掲げている。平成29年度に休日が確保された実績に対し、現場休工や業務のやり繰りにより従業員へ休日を付与し、毎月プラス１日の休日確保を目標とする。なお、最終目標とする４週８休が確保された各企業においては、自ら「４週８休実現企業」として宣言することとしている。ただし、災害復旧・除雪等の緊急現場を除く。

【参考】休日確保に向けた民間発注者の取組（例）

一部の民間工事においては、建設工事に従事する者の休日の確保に向け、発注者として、４週８休を想定した必要日数の算定をはじめ、月１三連休の実施、受注者の自由提案に基づく工期の設定などの取組を実施。

・ 建設業者が施工に先立って行う、労務・資機材の調達、調査・測量、現場事務所の設置、BIM/CIMの活用等の「準備期間」

【参考】国土交通省発注の土木工事においては、主たる工種区分ごとに30～90日間を最低限必要な「準備期間」とし、工事規模や地域の状況に応じて期間を設定。

・ 施工終了後の自主検査、後片付け、清掃等の「後片付け期間」

【参考】国土交通省発注の土木工事においては、20日間を最低限必要な「後片付け期間」とし、工事規模や地域の状況に応じて期間を設定。

・ 降雨日、降雪・出水期等の作業不能日数

【参考】国土交通省発注の土木工事においては、施工に必要な実日数に雨休率を乗じた日数を「降雨日」として設定。なお、雨休率については、地域ごとの数値のほか、0.7を用いることも可。

・ 用地買収や建築確認、道路管理者との調整等、工事の着手前の段階で発注者が対応すべき事項がある場合には、その手続きに要する期間

・ 過去の同種類似工事において当初の見込みよりも長い工期を要した実績が多いと認められる場合における当該工期の実績

○ 適正な工期設定等を検討するに当たっては、工事の特性や気候条件の差異等にも留意しつつ、土木工事は国土交通省の「工期設定支援システム」、建築工事は「公共建築工事における工期設定の基本的考え方」（国、都道府県及び政令市の営繕担当課長会議策定）及び（一社）日本建設業連合会の「建築工事適正工期算定プログラム」を適宜参考とする。
　併せて、民間工事の受発注者は、業種に応じた工事特性等を理解のうえ協議し、適正な工期の設定に努めるものとする。

【参考】適正な工期設定等に向けて考慮すべき業種ごとの重要事項（例）

＜住宅・不動産＞

－ 7 －

○ 新築工事
- 施主が定める販売時期や供用開始時期
【新築住宅】竣工前における一般向けの先行販売
【建替住宅】居住者の引越し希望時期（仮住まいの発生）
【賃貸物件】新年度前の２月竣工希望が多数

○ 改修工事
- 既存の居住者、テナントの営業活動への影響

○ 再開発事業
- 保留床（※）の処分時期
（※）市街地再開発事業で新設した施設や建物のうち、地権者が取得する権利のある床以外の部分
- 既存店舗の仮移転等に伴う補償期間

＜鉄道＞

○ 新線建設や連続立体交差事業等の工事
- 新線の開業時期、都市計画事業の認可期間

○ 線路や駅等の改良工事
- 列車の運行時間帯の回避
【線路に近接した工事】列車間合での短時間施工
【軌道や電気等の工事】深夜早朝（最終列車後）での線路閉鎖（※）・き電停止を伴う施工
（※）工事等に伴う列車進入防止のための手続
- 列車の遅延等に伴う作業中止/中断
- 長大列車間合の設定に伴う鉄道営業への影響（列車の削減等）
- 線路閉鎖区間における軌道や電気等の複数工種の工事の輻輳
- 酷暑期における軌道作業の一部制限
- 駅構内工事における旅客への安全配慮

○ 線路や構造物等の保守工事
- 異常時対応や緊急工事を含めた通年対応（現場閉所の困難性）
- 日々の施工箇所の変動に伴う制約（保守間合の変動、立入や資機材搬入箇所の変動、資機材仮置の困難性等）
- 日々の施工終了後での安全確認と即供用の必要性
- 酷暑期における軌道作業の一部制限（再掲）

＜電力＞

○ 新設工事
【発電施設】
- 施設の運転開始時期（最終的な施設の据付時期）

【送電施設】
- 新規需要家等の電力供給／系統連系の希望時期
- 鉄塔/電線での特殊作業員の確保人数

○ 改修工事
【発電施設】
- 夏/冬の電力高需要期間での施工回避

・ 発電停止が必要な場合の停止可能な期間
【送電施設】 ・ 需要家等への送電停止が必要な場合の停止可能期間
・ 鉄塔/電線での特殊作業員の確保人数

<ガス>

○ 新設工事
【ガス製造施設】・施設の運転開始時期（最終的な施設の据付時期）
・冬のガス高需要期間での施工回避（製造所等の稼動施設との接続部等）
【ガス供給施設】・新規需要家のガス供給開始の希望時期
・上下水、電力、通信など、他企業との管路の地下埋設時期や工程の調整

○ 改修工事
【ガス製造施設】・冬のガス高需要期間での施工回避
【ガス供給施設】・道路掘削等が必要な場合の道路占用が可能な期間

<積雪寒冷地>

○ 冬期における施工の困難性及び、それに伴う夏期への工事の集中・輻輳（特に北海道等への配慮）

○　なお、労働基準法における法定労働時間は、１日につき８時間、１週間につき 40 時間であること、また改正法施行の５年後に適用される時間外労働の上限規制は、臨時的な特別の事情がある場合として労使が合意した場合であっても、上回ることの出来ない上限であることに留意する必要がある。また、時間外労働の上限規制の対象となる労働時間の把握に関しては、工事現場における直接作業や現場監督に要する時間のみならず、書類の作成に係る時間等も含まれるほか、厚生労働省が策定した「労働時間の適正な把握のために使用者が講ずべき措置に関するガイドライン」を踏まえた対応が求められることにも留意する必要がある。さらに、働き方改革関連法の成立に伴い、月 60 時間を超える時間外労働に係る割増賃金率（50%以上）について、中小企業への猶予措置が平成 35 年４月１日に廃止されることにも留意する必要がある。

【参考】働き方改革実行計画　抜粋

（時間外労働の上限規制）
週 40 時間を超えて労働可能となる時間外労働の限度を、原則として、月 45

- 9 -

時間、かつ、年360時間とし、違反には以下の特例の場合を除いて罰則を課す。特例として、臨時的な特別の事情がある場合として、労使が合意して労使協定を結ぶ場合においても、上回ることができない時間外労働時間を年720時間（＝月平均60時間）とする。かつ、年720時間以内において、一時的に事務量が増加する場合について、最低限、上回ることのできない上限を設ける。

この上限について、①２か月、３か月、４か月、５か月、６か月の平均で、いずれにおいても、休日労働を含んで、80時間以内を満たさなければならないとする。②単月では、休日労働を含んで100時間未満を満たさなければならないとする。③加えて、時間外労働の限度の原則は、月45時間、かつ、年360時間であることに鑑み、これを上回る特例の適用は、年半分を上回らないよう、年６回を上限とする。

他方、労使が上限値までの協定締結を回避する努力が求められる点で合意したことに鑑み、さらに可能な限り労働時間の延長を短くするため、新たに労働基準法に指針を定める規定を設けることとし、行政官庁は、当該指針に関し、使用者及び労働組合等に対し、必要な助言・指導を行えるようにする。

○　上記を踏まえて週休２日の確保等を考慮した工期設定を行った場合には、受発注者が協力しながら建設工事に従事する者の週休２日の確保等を図ることを目指す「週休２日工事」として取り組む旨を、公共工事の契約図書に明記する等により、週休２日工事の導入に取り組み、その件数の拡大を図るとともに、当該工期設定に伴い必要となる労務費や共通仮設費、現場管理費などを請負代金に適切に反映するものとする。

また、民間工事においても、建設工事に従事する者の週休２日の導入等が進むよう、受注者からの説明等を踏まえ、適正な請負代金による請負契約の締結に努めるものとする。

【参考】国土交通省発注の土木工事及び営繕工事においては、週休２日工事の考え方として、平成30年４月１日以降に入札手続を開始するものを対象に、「工事における週休２日の取得に要する費用の計上について（試行）」（平成30年３月20日付け国地契第69号・国官技第301号）に基づき、現場閉所の状況に応じて所定の経費に補正係数を乗じることとしている。

１　週休２日工事は、発注者と受注者の双方において工程調整を行い、週休２日を達成することを目的として工事を実施するものとする。

２　各用語の定義は、次の各号のとおりとする。

一　週休２日　対象期間において、４週８休以上の現場閉所を行ったと認められる状態

二　対象期間　工事着手日から完成通知日までの期間（年末年始休暇６日間及び夏期休暇３日間を除く）。なお、工場製作のみを実施している期間、工事全体を一時中止している期間のほか、発注者が事前に対象外としている内容に該当する期間（受注者の責によらずに現場作業等を余儀なくされる期間など）は含まない。

三　４週８休以上の現場閉所　現場閉所日数（１日を通して現場閉所された日の合計）が、工期内の中で28.5％（8/28日）以上の水準に達する状態

3　発注方式は、次のいずれかによる方式を基本とする。
一　発注者指定方式　発注者が、週休２日の取組を指定する方式
二　受注者希望方式　受注者が、工事着手前に、発注者に対して週休２日に取り組む旨を協議した上で取り組む方式
4　受注者は、発注者が別途定める現場閉所の状況が分かる書類を、発注者に提出するものとする。
5　発注者は、発注者指定方式にあっては、当初の予定価格において、次に掲げる経費に、それぞれの補正係数を乗じた補正を行う（営繕工事では、労務費は次の補正係数による補正を行い、共通仮設費及び現場管理費は工期に応じて算出する）ものとし、施工後に現場閉所の達成状況を確認し、４週８休に満たない場合は、請負代金額のうち当該補正分を減額して契約変更を行うものとする。
・労　務　費　１．０５　　・機械経費（賃料）　１．０４
・共通仮設費　１．０４　　・現 場 管 理 費　１．０５
6　発注者は、受注者希望方式にあっては、現場の閉所状況に応じ、あらかじめ契約図書に示された次に掲げる経費に、それぞれ補正係数を乗じて契約変更を行う（営繕工事では、労務費は次の補正係数による補正を行い、共通仮設費及び現場管理費は工期に応じて算出する）ものとする。ただし、工事着手前に週休２日に係る協議が整わなかったものは、補正の対象としない。
一　４週８休以上（週休２日）
・労　務　費　１．０５　　・機械経費（賃料）　１．０４
・共通仮設費　１．０４　　・現 場 管 理 費　１．０５
二　４週７休以上８休未満（現場閉所率 25%（7/28 日）以上 28.5%未満）
・労　務　費　１．０３　　・機械経費（賃料）　１．０３
・共通仮設費　１．０３　　・現 場 管 理 費　１．０４
三　４週６休以上７休未満（現場閉所率 21.4%（6/28 日）以上 25%未満）
・労　務　費　１．０１　　・機械経費（賃料）　１．０１
・共通仮設費　１．０１　　・現 場 管 理 費　１．０２
7　上記の考え方について、地域の実情等により対応が困難な場合等には、これによらないことができる。
8　発注者は、受注者の現場閉所の状況に応じ、本工事の工事成績における評価の対象とする。

○　なお、上記の取組は、いたずらに工期を延ばすことを是とするものではなく、建設業において不可欠な取組である生産性向上や、シフト制等による施工体制の効率化とも相まって、適正な工期設定を行うことを目的とするものである。

また一方で、一定の制約条件により工期が設定される場合には、それに見合った体制を組む必要が生ずる場合があることを踏まえ、請負代金に適切に反映することが必要である。

○　受注者は、その工期によっては建設工事の適正な施工が通常見込まれない請負契約の締結（「工期のダンピング」）を行わないものとする。

また、下請契約においても、週休２日の確保等を考慮した適正な工期を設定する。特に、分離発注される工事や後工程の内装工事、設備工事、舗装工事等の適正な施工期間を考慮して、全体の工期のしわ寄せがないよう配慮するものとする。

○　受注者は、工事着手前に工程表を作成したうえで、施工期間中にわたって随時又は工程の節目ごとに工事の進捗状況を発注者と共有することとし、工事内容に疑義が生じた場合には、受発注者双方ともに速やかな回答に努めるなど、工事の円滑な施工を図るものとする。

【参考】受発注者の認識共有に向けた民間発注者の取組（例）

＜契約前＞　必要な工期等に関し、受注者に対する説明の要求
＜契約時＞　適正な工期等に関し、受発注者双方で協議の上、確認合意
＜着工前＞　埋設物に関する現場確認など、受発注者合同での事前調査の実施
＜着工後＞　作業日報や週間/月間会議等を通じ、定期かつ早期の情報共有

○　また、設計図書と実際の現場の状態が一致しない場合や、天災その他の事由により作業不能日数が想定外に増加した場合など、予定された工期で工事を完了することが困難と認められるときには、受発注者双方協議のうえで、適切に工期の変更を行うものとする。下請契約の場合においても同様とする。

【参考】建設工事の請負契約において、発注者又は元請の責めに帰すべき事由による工期の変更等に伴うコスト増加分を受注者又は下請に一方的に負担させることは、建設業法違反（第19条の３：不当に低い請負代金の禁止）に該当するおそれがあり、公共工事の発注者にあっては国土交通大臣又は都道府県知事による勧告の、民間工事の発注者又は元請にあっては国土交通大臣又は都道府県知事による公正取引委員会への措置請求の対象となる可能性がある。

○　施工時期等の平準化は、人材・資機材の効率的な活用などを通じて、適正な工期の確保や、担い手の処遇改善などの働き方改革に資するものである。公共工事の発注においては、年度末に工事完成時期が集中し、年度当初に稼働している工事が少なくなる傾向があることから、発注者は、工事の特性等も踏まえ、下記の取組を講じることなどを通じて、施工時期等の平準化を推進するものとする。

・　労働者・資機材の確保等のための工事着手までの余裕期間の設定
・　適正な工期を確保するための債務負担行為の積極的な活用や入札契約

方式の選択
・ 発注者の連携による地域単位での発注見通しの統合・公表

【参考】施工時期等の平準化に向けた民間発注者の取組（例）

・ 施工会社の能力等を踏まえ、大規模工事における工期の輻輳を回避した年間発注計画の策定、施工時期等の平準化に配慮した年間計画の策定
・ 公共工事の閑散期（年度当初の春期）における発注の推進
・ 複数年度契約での発注

○ また、民間工事においても、行政機関から補助金等の交付を受けて発注されるものについては、公共工事に準じて適正な工期を確保する観点から、当該行政機関は迅速な交付決定等に努めるとともに、やむを得ない事由により年度内に支出が終わらないことが見込まれる場合には、繰越制度の適切な活用等を図ることとし、年度内完成に固執するが故に建設工事に従事する者の長時間労働を生じさせることがないよう努めるものとする。

さらに、大規模な工事についての可能な範囲での見通しの公表や、工事時期の集中の回避などにより、民間工事の受発注者が互いに協力して施工時期等の平準化に資する取組を推進するよう努めるものとする。

【参考】発注見通しに係る民間発注者の取組（例）

一部の民間発注者においては、高所作業等を要する特殊作業員の需給逼迫に伴い、建設業の魅力発信と併せて、10年後の将来を見据えた中長期かつ具体的な発注工事量の見通しを学生等に示し、業務の安定性を訴えるなど、建設業者の新規採用活動に積極的な協力を行い、将来の担い手確保に貢献。

（２）必要経費へのしわ寄せ防止の徹底（法定福利費や安全衛生経費など）

○ 適正な工期設定に伴い、労務費（社会保険の保険料の本人負担分を含む賃金）は勿論のこと、社会保険の法定福利費（社会保険の保険料の事業主負担分）、安全衛生経費（労働災害防止対策に要する経費）、建設業退職金共済制度に基づく事業主負担額などの必要経費にしわ寄せが生じないよう、法定福利費等を見積書や請負代金内訳書に明示すること等により、適正な請負代金による請負契約を締結するものとする。下請契約においても、これらの必要経費を含んだ適正な請負代金による下請契約を締結するものとする。

－ 13 －

【参考】本来支払われるべき社会保険の法定福利費や安全衛生経費などを支払わず、受注者又は下請に一方的に負担させることは、建設業法（第19条の3：不当に低い請負代金の禁止）違反に該当するおそれがある。

○　また、公共工事においては、予定価格の設定に当たり最新の設計労務単価の活用を徹底するとともに、下請も含めた施工体制における社会保険等加入業者への限定を図るものとする。

　民間工事においては、発注の特性や市場の環境等を踏まえ受発注者間の協議により請負契約が締結されるものであるところ、受注者は、公共工事設計労務単価の動きや生産性向上の努力等を勘案した適切な積算・見積りを発注者に提示するなど、必要な経費等を発注者に適切に説明するとともに、発注者は、受注者からの説明を踏まえ、将来にわたって建設業の担い手を確保することの重要性等も理解しつつ、適正な請負代金による請負契約の締結に努めるものとする。

【参考】国土交通省発注工事においては、工事請負契約書において、全ての下請も含めた施工体制の中に社会保険等未加入業者が含まれる場合には、受注者は、一定の要件の下に、違約罰として、発注者（国土交通省）の指定する期間内に一定額を支払わなければならない旨を明記。

○　なお、発注者から受注者への請負代金の支払いについては、元請・下請間の支払に実質的な影響を与えかねないことから、「発注者・受注者間における建設業法令遵守ガイドライン」（平成23年8月国土交通省策定）を踏まえ、発注者は、少なくとも引渡し終了後できるだけ速やかに適正な支払いを行うとともに、請負代金を手形で支払う場合にも、長期手形（例：手形期間が120日超）を交付することがないようにすることが望ましい。

（３）生産性向上

○　建設業への時間外労働の上限規制の適用に向けて、長時間労働の是正や週休２日の確保等による働き方改革とともに、より一層の生産性向上が必要不可欠である。このため、調査・測量から設計、施工、検査、維持管理・更新に至る各段階における受発注者の連携等を通じて、下記の取組等により、建設生産プロセス全体における生産性向上を推進する。

・　ドローンによる３次元測量やICT建機の活用等、ICT活用工事の推進
・　３次元モデルにより、設計から施工、維持管理に至るまでの建設ラ

イフサイクル全体で情報を蓄積し活用するBIM/CIMの積極的な活用
・ 設計等プロジェクトの初期段階において、受発注者間で施工等に関する検討を集中的に行い、生産性向上の取組を強化することができるよう、フロントローディング（ECI方式の活用等）の積極的な活用
・ 業務の効率化に向けた工事関係書類の削減・簡素化、情報共有システムを活用した書類授受の省力化
・ プレキャスト製品など効率化が図られる工法の活用や汎用性の高い工法の導入
・ 「公共工事における新技術活用システム」（NETIS）による有用な新技術の活用促進
・ 施工時期等の平準化

【参考】国土交通省では、全ての建設生産プロセスでICTや３次元データ等の活用等を進める「i-Construction」により、これまでより少ない人数、少ない工事日数で同じ工事量の実施の実現を図り、2025年までに建設現場の生産性２割向上を目指している。

○　受注者は、時間外労働の上限規制の適用に向け、まずは自らの生産性向上に向けた一層の取組の推進が不可欠であるとの認識の下、発注者の理解も得ながら、下記の取組等を積極的に推進することにより、建設工事の現場における生産性向上を推進する。
・ 工事現場におけるICTの活用等による、施工の効率化や品質・安全性の向上
・ 技能労働者の多能工化や技能水準の向上
・ 建設キャリアアップシステムの活用
・ プレキャスト製品やハーフプレキャスト等の活用
・ 重層下請構造の改善

○　発注者は、工事の手戻りを防止し、後工程における長時間労働の発生を防ぐため、地質調査によるデータ等に基づき適切な設計図書を作成し、施工条件等を明確にすることが求められる。また、建設業者による生産性向上に向けた取組や提案――例えば、建設生産プロセス全体の最適化を図る観点から、プレキャスト製品や効率化が図られる工法、汎用性の高い工法の導入を設計段階から検討するなど――について、工事の成績評定等において積極的な評価を図るものとする。

（４）下請契約における取組

－ 15 －

○　下請契約においても、建設工事に従事する者が時間外労働の上限規制に抵触するような長時間労働を行うことのないよう、週休２日の確保等を考慮して、適正な工期を設定するものとする。

下請は、工事着手前に工程表を作成したうえで、工事の進捗状況を元請と共有するなど、工事の円滑な施工を図るものとする。

また、予定された工期で工事を完了することが困難と認められる場合には、元請・下請双方協議のうえで、適切に工期の変更を行うものとする。

○　適正な工期の設定に伴い、労務費、社会保険の法定福利費や安全衛生経費などの必要経費にしわ寄せが生じないよう、法定福利費等を見積書や請負代金内訳書に明示すること等により、適正な請負代金による請負契約を締結するものとする。

併せて、公共工事の下請契約においては、最新の設計労務単価の活用を徹底することとし、民間工事の下請契約においても、下請は、公共工事設計労務単価の動きや生産性向上の努力等を勘案した適切な積算・見積りを元請に提示するとともに、元請は、適切な労務費が現場の技能労働者に確実に行き渡ることができるよう、適正な請負代金による請負契約の締結に努めるものとする。

○　また、下請契約に係る代金の支払いについては、建設業法（第 24 条の３、第 24 条の５）等に基づき、速やかに支払いを行うとともに、支払手段については、「下請代金の支払手段について」（平成 28 年 12 月 14 日 20161207 中第１号・公取企第 140 号）を踏まえ、できる限り現金払いによるものとし、手形等による支払いを行う場合は、割引料等について下請の負担とすることのないようにする。

○　なお、建設業における週休２日の確保等に当たっては、日給制の技能労働者等の処遇水準の確保に十分留意し、労務費その他の必要経費に係る見直し等の効果が確実に行き渡るよう、適切な賃金水準の確保等を図る。

○　個人として建設工事を請け負う、いわゆる一人親方についても、上記の取組と同様に、長時間労働の是正や週休２日の確保等を図る。

（５）適正な工期設定等に向けた発注者支援の活用

○　特に公共発注者において、技術者の不足等の理由により、適正な工期設定等の発注関係事務を自ら適切に行うことが困難な場合には、工事の特性等を踏まえ、発注者支援を適切に行うことのできる外部機関(コンストラクション・マネジメントなどの建設コンサルタント業務を行う企業等)の支援を活用するなどにより、適正な工期設定等を行うことができる体制を整えることが望ましい。

○ なお、外部支援を活用する場合においても、本来発注者が実施すべき判断や事業全体のマネジメントについては、適切に実施するものとする。

4. その他

本ガイドラインは、今後発注される建設工事を対象とするものとする。

関係省庁は、本ガイドラインを踏まえ、民間発注者団体に対し、適正な工期設定等に関する普及啓発等に努めるものとする。

関係省庁は、国及び地方公共団体等の公共発注者、民間発注者並びに建設業者の発注の実態や、長時間労働の是正に向けた取組も含め、本ガイドラインの取組状況についてフォローアップを行い、それらも踏まえて必要と認められるときは、適宜、本ガイドラインの内容の見直し等の措置を講ずるものとする。

memo

資料4　建設業働き方改革加速化プログラム

建設業働き方改革加速化プログラム

別紙

○　日本全体の生産年齢人口が減少する中、建設業の担い手については概ね１０年後に団塊世代の大量離職が見込まれており、その持続可能性が危ぶまれる状況。
○　建設業が、引き続き、災害対応、インフラ整備・メンテナンス、都市開発、住宅建設・リフォーム等を支える役割を果たし続けるためには、これまでの社会保険加入促進、担い手３法の制定、i-Constructionなどの成果を土台として、働き方改革の取組を一段と強化する必要。
○　政府全体では、長時間労働の是正に向けた「適正な工期設定等のためのガイドライン」の策定や、「新しい経済政策パッケージ」の策定など生産性革命、賃金引上げの動き。また、国土交通省でも、「建設産業政策2017＋10」のとりまとめや６年連続での設計労務単価引上げを実施。
○　これらの取組と連動しつつ、建設企業が働き方改革に積極的に取り組めるよう、労務単価の引上げのタイミングをとらえ、平成３０年度以降、下記３分野で従来のシステムの枠にとらわれない新たな施策を、関係者が認識を共有し、密接な連携と対話の下で展開。
○　中長期的に安定的・持続的な事業量の確保など事業環境の整備にも留意。

※今後、建設業団体側にも積極的な取組を要請し、今夏を目途に官民の取組を共有し、施策の具体的展開や強化に向けた対話を実施。

長時間労働の是正

罰則付きの時間外労働規制の施行の猶予期間（５年）を待たず、長時間労働是正、週休２日の確保を図る。特に週休２日制の導入にあたっては、技能者の多数が日給月給であることに留意して取組を進める。

○週休２日制の導入を後押しする

・公共工事における週休２日工事の実施団体・件数を大幅に拡大するとともに民間工事でもモデル工事を試行する

・建設現場の週休2日と円滑な施工の確保をともに実現させるため、公共工事の週休2日工事において労務費等の補正を導入するとともに、共通仮設費、現場管理費の補正率を見直す

・週休２日を達成した企業や、女性活躍を推進する企業など、働き方改革に積極的に取り組む企業を積極的に評価する

・週休２日制を実施している現場等（モデルとなる優良な現場）を見える化する

○各発注者の特性を踏まえた適正な工期設定を推進する

・昨年８月に策定した「適正な工期設定等のためのガイドライン」について、各発注工事の実情を踏まえて改定するとともに、受発注者双方の協力による取組を推進する

・各発注者による適正な工期設定を支援するため、工期設定支援システムについて地方公共団体等への周知を進める

給与・社会保険

技能と経験にふさわしい処遇（給与）と社会保険加入の徹底に向けた環境を整備する。

○技能や経験にふさわしい処遇（給与）を実現する

・労務単価の改訂が下請の建設企業まで行き渡るよう、発注関係団体・建設業団体に対して労務単価の活用や適切な賃金水準の確保を要請する

・建設キャリアアップシステムの今秋の稼働と、概ね５年で全ての建設技能者（約３３０万人）の加入を推進する

・技能・経験にふさわしい処遇（給与）が実現するよう、建設技能者の能力評価制度を策定する

・能力評価制度の検討結果を踏まえ、高い技能・経験を有する建設技能者に対する公共工事での評価や当該技能者を雇用する専門工事企業の施工能力等の見える化を検討する

・民間発注工事における建設業の退職金共済制度の普及を関係団体に対して働きかける

○社会保険への加入を建設業を営む上でのミニマム・スタンダードにする

・全ての発注者に対して、工事施工について、下請の建設企業を含め、社会保険加入業者に限定するよう要請する

・社会保険に未加入の建設企業は、建設業の許可・更新を認めない仕組みを構築する

※給与や社会保険への加入については、週休２日工事も含め、継続的なモニタリング調査等を実施し、下請まで給与や法定福利費が行き渡っているかを確認。

生産性向上

i-Constructionの推進等を通じ、建設生産システムのあらゆる段階におけるICTの活用等により生産性の向上を図る。

○生産性の向上に取り組む建設企業を後押しする

・中小の建設企業による積極的なICT活用を促すため、公共工事の積算基準等を改善する

・生産性向上に積極的に取り組む建設企業等を表彰する（i-Construction大賞の対象拡大）

・個々の建設業従事者の人材育成を通じて生産性向上につなげるため、建設リカレント教育を推進する

○仕事を効率化する

・建設業許可等の手続き負担を軽減するため、申請手続きを電子化する

・工事書類の作成負担を軽減するため、公共工事における関係する基準類を改定するとともに、IoTや新技術の導入等により、施工品質の向上と省力化を図る

・建設キャリアアップシステムを活用し、書類作成等の現場管理を効率化する

○限られた人材・資機材の効率的な活用を促進する

・現場技術者の将来的な減少を見据え、技術者配置要件の合理化を検討する

・補助金などを受けて発注される民間工事を含め、施工時期の平準化をさらに進める

○重層下請構造改善のため、下請次数削減方策を検討する

1

週休2日工事の拡大

○ 直轄工事において、率先して、週休２日の確保をはじめとして長時間労働を抑制する取組を展開し、働き方改革を推進
○ さらに、地方公共団体においても、働き方改革の取組が浸透するよう地域発注者協議会等の場を活用して、働きかけ

■ 週休2日対象工事の拡大

災害復旧や維持工事、工期等に制約がある工事を除く工事において、週休2日対象工事の適用を拡大

週休2日対象工事の実施件数

平成29年度はH30.1時点

	H28年度	H29年度	H30年度
公告件数（取組件数）	824(165)	2,546(746)	**適用拡大**

■ 週休2日の実施に伴う必要経費を計上

週休2日の実施に伴い、労務費、機械経費（賃料）、共通仮設費、現場管理費について、現場閉所の状況に応じて補正係数を乗じ、必要経費を計上

補正係数（土木工事の場合）

	H29年度	H30年度	
労務費	－	**最大1.05**	新たに設定
機械経費（賃料）	－	**最大1.04**	新たに設定
共通仮設費	1.02	**最大1.04**	見直し
現場管理費	1.04	**最大1.05**	見直し

※ 4週6休相当以上から現場閉所の状況に応じて補正
※ 元下問わず参加しているすべての企業で適正な価格での下請契約、賃金引上げの取組が浸透するよう、発注部局と建設業所管部局で連携

2

建設キャリアアップシステムと技能者の能力評価制度の構築

○「建設キャリアアップシステム」は、技能者の資格、社会保険加入状況、現場の就業履歴等を業界横断的に登録・蓄積する仕組み

○システムの構築に向け官民（参加団体：日建連、全建、建専連、全建総連　等）で検討を進め、平成３０年秋に運用開始予定

○運用開始初年度で１００万人の技能者の登録、５年で全ての技能者（３３０万人）の登録を目標

○平成２９年度末までに中間とりまとめ、平成３０年夏頃までに制度の枠組みを提示

○能力評価制度による評価結果について、公共工事での活用を検討

3

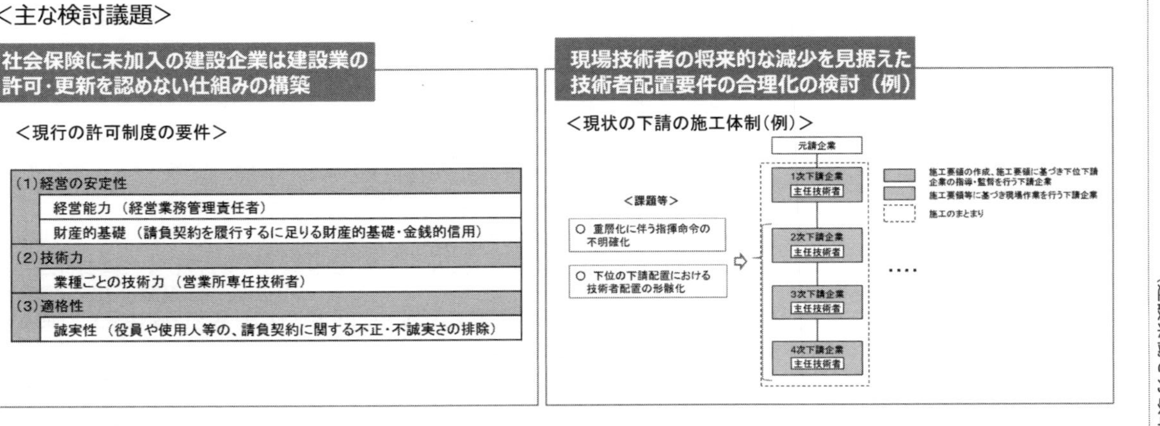

建設業許可制度の見直しや現場技術者配置要件の合理化に向けた検討
○ 建設業許可制度の見直しや現場技術者配置要件の合理化に向け、本年２月より中建審・社整審基本問題小委員会を再開。（委員長：大森文彦 弁護士・東洋大学法学部教授）
○ 今後、１～2ヶ月に１回程度開催し、夏頃を目処に中間とりまとめを行う。
<主な検討議題>
社会保険に未加入の建設企業は建設業の許可・更新を認めない仕組みの構築
<現行の許可制度の要件>
（1）経営の安定性
経営能力（経営業務管理責任者）
財産的基礎（請負契約を履行するに足りる財産的基礎・金銭的信用）
（2）技術力
業種ごとの技術力（営業所専任技術者）
（3）適格性
誠実性（役員や使用人等の、請負契約に関する不正・不誠実さの排除）
現場技術者の将来的な減少を見据えた技術者配置要件の合理化の検討（例）
<現状の下請の施工体制（例）>
<課題等>
○ 重層化に伴う指揮命令の不明確化
○ 下位の下請配置における技術者配置の形骸化
元請企業
1次下請企業
主任技術者
2次下請企業
主任技術者
3次下請企業
主任技術者
4次下請企業
主任技術者
施工要領の作成、施工要領に基づき下位下請企業の指導・監督を行う下請企業
施工要領等に基づき現場作業を行う下請企業
施工のまとまり
<参考>新しい経済政策パッケージ（H29.12.8閣議決定）（抄）
第３章 生産性革命
（２）第４次産業革命の社会実装と生産性が伸び悩む分野の制度改革等
④建設分野
－地域単位での発注見通しの統合・公表を今年度中に全国展開すること等を通じ工事発注時期の平準化を進めるとともに、建設業法による現場技術者配置要件の合理化の検討を今年度中に開始し、来年度内に結論を得る。
4

i-Constructionの深化

○ 中小企業をはじめとして多くの建設企業がICT活用や人材育成に積極的に取り組めるよう、より実態に即した積算基準に改善するとともに、書類の簡素化をはじめとした省力化に向け、監督・検査の合理化等を推進

■積算基準の改定

○ 新たにICT建機のみで施工する単価を新設し、通常建機のみで施工する単価と区分（これまでのICT単価はICT建機の使用割合を25%で一律設定）
⇒これにより、ICT建機の稼働実態に応じた積算・精算が可能
（※H30.2より先行実施）

(従来)
ICT歩掛(ICT建機**25%**＋通常建機75%)
×施工土量
※ICT建機利用率は一律

(改善)
ICT歩掛(ICT建機100%)×**施工土量α**
＋
通常歩掛(通常建機100%)×**施工土量β**
現場に応じてICT建機で施工する土量を設定

○ 小規模土工（掘削、1万m3未満）の単価を新設
（これまでは5万m3のみで区分）

○ 最新の実態を踏まえた一般管理費等率の見直し
研究開発費用等の本社経費の最新の実態を反映

一般管理費等率の改定

現行率式
改訂案
約23%
約20%
約7%
一般管理費等率（対原価）
30% 25% 20% 15% 10% 5% 0%
1 5 10 100 1,000 3,000 10,000
工事原価（百万円）

■IoT技術等を活用した書類の簡素化

○タブレットによるペーパーレス化やウェアラブルカメラの活用等、IoT技術や新技術の導入により、施工品質の向上と省力化を図る
○入札時における簡易確認型の拡大、施工時の関係基準類（工事成績評定要領、共通仕様書）の改定により、書類の作成負担軽減を推進

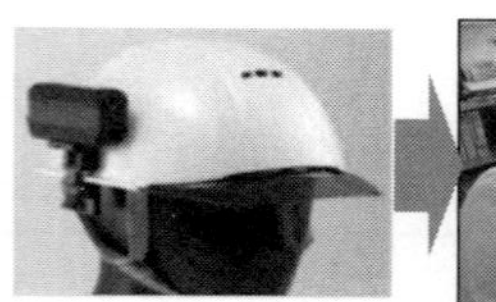

ウェアラブルカメラの活用

遠隔での映像の確認

5

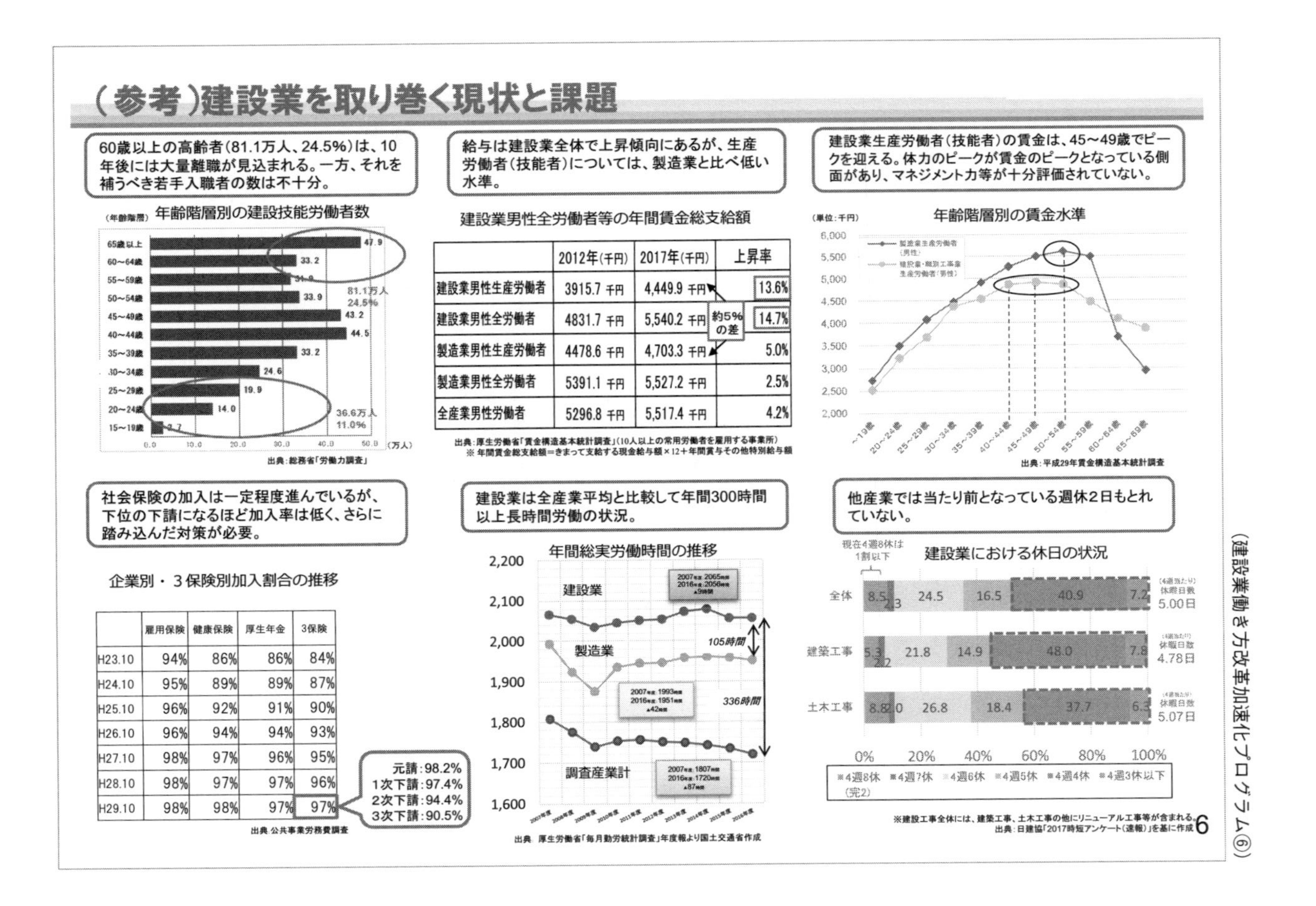

	2012年（千円）	2017年（千円）	上昇率
建設業男性生産労働者	3915.7 千円	4,449.9 千円	13.6%
建設業男性全労働者	4831.7 千円	5,540.2 千円	14.7%
製造業男性生産労働者	4478.6 千円	4,703.3 千円	5.0%
製造業男性全労働者	5391.1 千円	5,527.2 千円	2.5%
全産業男性労働者	5296.8 千円	5,517.4 千円	4.2%

	雇用保険	健康保険	厚生年金	3保険
H23.10	94%	86%	86%	84%
H24.10	95%	89%	89%	87%
H25.10	96%	92%	91%	90%
H26.10	96%	94%	94%	93%
H27.10	98%	97%	96%	95%
H28.10	98%	97%	97%	96%
H29.10	98%	98%	97%	97%

資料5　働き方改革推進の基本方針（抜粋）

働き方改革推進の基本方針（抜粋）

平成29年9月22日
一般社団法人 日本建設業連合会

○ 政府は、平成29年3月28日に「働き方改革実行計画」を策定した。本計画では「同一労働同一賃金など非正規雇用の処遇改善」「賃金引上げと労働生産性向上」「罰則付き時間外労働の上限規制の導入など長時間労働の是正」など働き方改革実現に向けた諸課題への対応策が示され、産業界・各企業に対して、積極的な取組みを求めている。

○ 日建連では、平成27年4月に策定した「建設業の長期ビジョン ～再生と進化に向けて～」に基づき、建設技能者の処遇改善、生産性の向上、けんせつ小町の活躍推進、建設キャリアアップシステムの活用などの諸課題につき活動を展開している。今年度は新たに週休二日について推進本部を設けて、業界一丸となっての取組みをスタートしたところである。

○ 日建連として、政府の働き方改革実現に向けた諸課題に対し建設業界全体として総合的に推進していくため、働き方改革に関連する諸課題の推進方策を、次のように区分し、それぞれの取組みの基本方針を提示する。

A：推進の具体策や施策展開を日建連が定め、会員企業あげて推進すべき事項
B：日建連が示す方向性に従い、それぞれの会員企業が取り組むべき事項
C：会員企業がそれぞれの企業展開として独自に取り組むべき事項

○ 今後、日建連としての働き方改革推進の具体策や施策展開は、専門工事業団体や労働団体等の意見を聞き、関係の委員会等で検討して策定する。会員企業が独自に取り組むべき事項については、各社の協力会や労働組合の意見を聞いて検討・実施する。

1

1．長時間労働の是正等

（1）週休二日の推進：A

・非常に厳しい人材獲得競争の時代の中にあって、建設業は、週休二日が普及して初めて他産業と同列のスタートラインに立てることを踏まえれば、週休二日の実現は、日建連としても、会員企業にとっても最優先の課題と覚悟して取り組む必要がある。

・本年３月に発足した週休二日推進本部が４月に策定した「週休二日推進の基本方針」に沿って、本年９月に「週休二日実現行動計画試案（案）」を公表し、年内を目途に行動計画を取りまとめる。同本部では、週休二日の形態としては土曜閉所を原則とし、５年程度での普及を目標に検討を進める。

・請負契約締結にあたっては「建設工事における適正な工期設定等のためのガイドライン」に沿って、当該工期の考え方等を発注者に対して適切に説明するとともに適正な工期の設定に努める。

（2）総労働時間の削減：A

・総労働時間の削減のためには、週休二日の確保、定着が最も実効を期待できる方策であり、最優先の課題であるが、関係法令の施行後5年で罰則付きの時間外労働の上限規制が適用されるので、これに適合できるよう、時間外労働の削減に早急に取り組む必要がある。

・関係法令が適用されるまでの取り組みとして、本年9月に「時間外労働の適正化に向けた自主規制の施行について」を取りまとめ、日建連としての時間外労働の改善目標を設け、これを段階的に強化することで、法適用後の規制に軟着陸を図る。日建連は、その実施状況を毎年度検証し、時間外労働の削減方策の改善を図る。

・また、36協定の適正な運用を図る。

（3）有給休暇の取得促進：C

日建連会員のうち経団連加盟の各社は、経団連に報告する「働き方改革アクションプラン」の中に、有給休暇の取得促進方策を明記する。経団連非加盟の会員各社も、これに準じて有給休暇の取得促進策を作成し、実施することを検討する。

（4）柔軟な働き方がしやすい環境整備：C

・生産性向上と快適な職場環境形成の両面から、テレワーク、フレックスタイム、プレミアムフライデー、時差 Biz などについて、各社独自の取組みを行い、人材確保等のアピール材料とする。日建連は情報収集や、優良事例の紹介を行う。

・高度プロフェッショナル（脱時間給）制度や企画業務型裁量労働制の見直しなどの多様な働き方についても、法改正の動向を踏まえて検討する。

2

（5）勤務間インターバル制：C

政府の「働き方改革実行計画」においては努力義務とされているが、建設現場においては夜間工事等の変則勤務が常態化されているところがあり、現場の実状に応じて会員各社の判断により実施する。

（6）メンタルヘルス対策、パワーハラスメント対策や病気の治療と仕事の両立への対策：C

- 「働き方改革実行計画」には、メンタルヘルス対策等の政府目標が設定されており、これに沿って会員各社の判断により取り組む。
- パワーハラスメント対策や病気の治療と仕事の両立については、人を雇用する以上、企業として当然取り組む必要がある。

2．建設技能者の処遇改善　＊以下、コメント略

（1）賃金水準の向上：A
（2）社会保険加入促進：A
（3）建退共制度の適用促進：B
（4）雇用の安定（社員化）：B
（5）重層下請構造の改善：B

3．生産性の向上：A

4．下請取引の改善：A

5．けんせつ小町の活躍推進

（1）現場環境の整備：A
（2）女性の登用：A

6．子育て・介護と仕事の両立

（1）育児休暇・介護休暇の取得促進：C
（2）現場管理の弾力化：C

7．建設技能者のキャリアアップの促進

（1）建設キャリアアップシステムの活用：A
（2）技能者の技術者への登用：C

3

８．同一労働同一賃金など：C

９．多様な人材の活用

（１）外国人材の受入れ：C

（２）高齢者の就業促進：C

（３）障害者雇用の促進：C

１０．その他

（１）職種別、季節別の平準化の検討：C

（２）適正な受注活動の徹底：A

（３）官民の発注者への協力要請：A

以　上

4

資料6　時間外労働の適正化に向けた自主規制の試行について

時間外労働の適正化に向けた自主規制の試行について

平成２９年９月２２日
一般社団法人日本建設業連合会

１．趣　旨

本年３月政府が決定した「働き方改革実行計画」により、建設業に対し、改正労働基準法の施行から５年後に罰則付きの時間外労働の上限規制が適用されることとなった。

ついては、日建連会員企業は、改正法が適用されるまでの間に時間外労働の削減に段階的に取り組み、法適用への円滑な対応を図ることとし、以下の取組みを行うものとする。

① 本自主規制に沿って時間外労働の削減に向けた段階的な改善目標を定め、社内体制の整備や社員の意識改革を進める。
② 目標の達成度を毎年度確認し、達成度が不十分な場合は、更なる改善方策を検討し、実施する。
③ 本自主規制に準じた取り組みを行うよう、下請企業に対しても要請する。

本自主規制は、労働政策審議会の建議内容、及び改正労働基準法の 2019 年４月施行、2024 年４月の建設業適用というスケジュールを前提とするものであり、当面、試行として実施する。

なお、本自主規制は、あくまでも改正法の定める上限規制への円滑な対応を意図するものであるが、もとより、会員企業においては、時間外労働のより一層の削減を図り、働き方改革を推進することを要請する。

また、本自主規制は、日建連会員企業を対象とするものであるが、会員以外の幅広い建設業界関係者にもご参考にしていただくよう、情報提供を行い、建設業界が一丸となって働き方改革が実現されることを期待する。

２．時間外労働の改善目標

（１）改正労働基準法が成立し、施行されるまでの期間（～2019 年３月）

・法が想定している移行準備期間であるため、各会員企業の自主的な取組みに委ねる。ただし、月 100 時間未満の制限については、できるだけ早期に実施するよう努める。

（２）改正法施行開始後１年目から３年目（2019・2020・2021 年度）

・年間 960 時間以内とする。（月平均 80 時間）
・６ヶ月平均で、休日労働を含んで 80 時間以内とする。
・1ヶ月で、休日労働を含んで 100 時間未満とする。

1

（３）改正法施行開始後４年目から５年目（2022・2023 年度）

・年間 840 時間以内とする。（月平均 70 時間）

・4、5、6 ヶ月それぞれの平均で、休日労働を含んで 80 時間以内とする。

・1 ヶ月で、休日労働を含んで 100 時間未満とする。

表１．時間外労働の改善目標の期間毎の一覧

<table>
<tr><th>期　間</th><th>改正法施行前</th><th>改正法施行後
１，２，３年目</th><th>改正法施行後
４，５年目</th></tr>
<tr><td>年間の上限</td><td rowspan="2">各社の
自主的な取組み</td><td>960 時間以内
（月平均 80 時間）</td><td>840 時間以内
（月平均 70 時間）</td></tr>
<tr><td>複数月平均
の上限</td><td>６ヶ月平均で、
休日労働を含んで
80 時間以内</td><td>４，５，６ヶ月
それぞれの平均で
休日労働を含んで
80 時間以内</td></tr>
<tr><td>１ヶ月
の上限</td><td>できるだけ
早期に実施</td><td colspan="2">休日労働を含んで 100 時間未満</td></tr>
</table>

表 2．改正法の内容（改正法施工後６年目から建設業に適用）

時間外労働の 上限規制の原則	特　例 （臨時的な特別の事情がある場合）
・月 45 時間 ・年 360 時間	・年 720 時間（月平均 60 時間） ・2, 3, 4, 5, 6 カ月それぞれの平均で、休日労働を含んで 80 時間以内 ・１ヵ月で、休日労働を含んで 100 時間未満 ・特例の適用は、年半分を超えないよう、年６回まで

３．その他

（１）フォローアップ等について

日建連は、毎年度フォローアップを行うこととし、会員企業の段階的な取り組みの実施状況を把握する。

なお、この自主規制は試行として実施するものであり、前提としたスケジュールが変更された場合や、フォローアップの結果で著しい支障が判明したときは、改善目標を変更することがある。

2

（2）自主規制の対象者について

本自主規制は、日建連会員企業が３６協定を締結する従業員を対象とし、海外勤務者や管理監督者は対象外とする。しかしながら、従業員の健康管理の観点等から、海外勤務者や管理監督者についても、本自主規制に準じた取り組みがなされることを期待する。

（3）週休二日の影響

日建連では、週休二日実現行動計画を策定し、2021 年度までの５年間で週休二日を定着させることとしている。そのため、長時間労働の是正については、週休二日の実施による平日の時間外労働への影響を軽減し、排除することも課題となる。

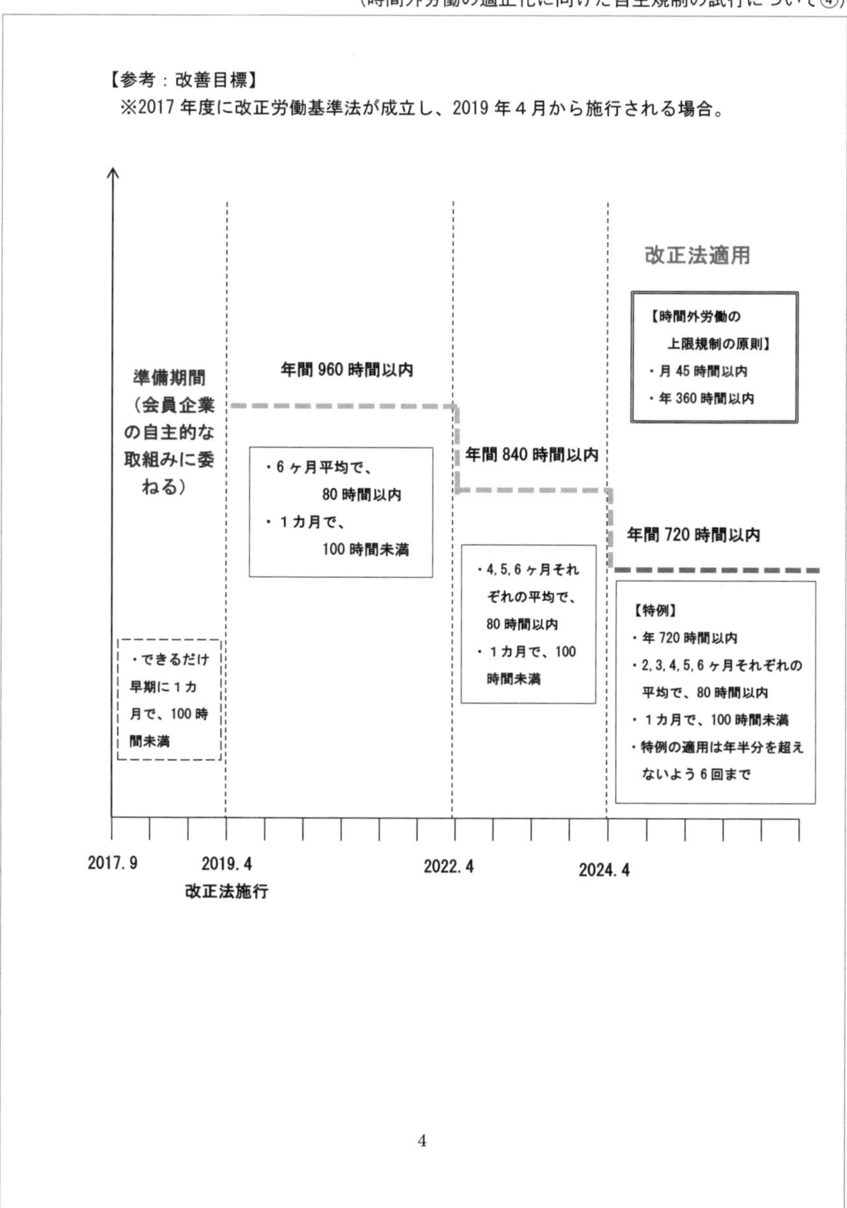
【参考：改善目標】
※2017 年度に改正労働基準法が成立し、2019 年４月から施行される場合。
準備期間（会員企業の自主的な取組みに委ねる）
・できるだけ早期に１カ月で、100 時間未満
年間 960 時間以内
・6 ヶ月平均で、80 時間以内
・１カ月で、100 時間未満
年間 840 時間以内
・4,5,6 ヶ月それぞれの平均で、80 時間以内
・１カ月で、100 時間未満
改正法適用
【時間外労働の上限規制の原則】
・月 45 時間以内
・年 360 時間以内
年間 720 時間以内
【特例】
・年 720 時間以内
・2,3,4,5,6 ヶ月それぞれの平均で、80 時間以内
・１カ月で、100 時間未満
・特例の適用は年半分を超えないよう 6 回まで
2017.9
2019.4
改正法施行
2022.4
2024.4

4

週休二日実現行動計画（抜粋）

目　次

1

はじめに

我が国における週休二日は、今から20年ほど前に殆どの官公庁や産業分野に普及し、定着したが、建設業界だけは、お客様が早期竣工を望む産業特性と、バブル崩壊後の受注の激減によって取り残され、今や正に周回遅れの感がある。

ところが、今後10年以内に建設技能者の著しい高齢化に伴う大量離職時代が到来し、90万人もの若者を迎え入れ、基幹技能者の世代交代を図らねば生産体制が破綻しかねない危機的な状況になり、厳しい人材獲得競争の中で、若者を確保するため、週休二日の導入、普及、定着が喫緊の課題となってしまった。

このため日建連では、本年3月、政府の「働き方改革実行計画」の策定と時を同じくして「週休二日推進本部」を設置し、「建設業に週休二日なんてとても無理」と自他共に認めてきたタブーに、業界の命運をかけてチャレンジすることとした。

週休二日の推進は、建設業が魅力的な産業として将来にわたって担い手を確保するとともに、国民生活と経済を支える健全で逞しい産業への進化の途に着くための鍵となる取組みである。長年続いた慣行を足許から変革する大変な難題ではあるが、明日の建設業を切り開くという強い意志と、不退転の覚悟をもって、建設業界挙げて取り組まなければならない。

週休二日推進本部は、ここに「週休二日実現行動計画」を策定し、建設業の週休二日、なかんずく建設現場に従事する全ての者が、確実に週二日の休日を確保するための方策を、可能な限り具体的に示すこととした。

本行動計画の取りまとめに当たっては、本年9月「試案」を公表し、会員企業とその協力会はもとより、多くの有識者の方々や国土交通省をはじめとする関係機関の皆様から、大変貴重なご意見ご示唆をいただいた。また、地方・中小建設業界や専門工事業界、さらに労働団体との意見交換、そして鉄道、電 力、ガス、不動産・住宅の分野ごとに設置された「建設業の働き方改革に関する連絡会議」での議論等を経ることが出来、ここに改めて皆様に感謝の意を表する。

週休二日は、日建連に留まらず、健全な建設業への進化を目指すオール建設業の一大運動として展開されなければならない。このため、日建連は多くの建設業団体に対し情報提供と、具体的な行動計画策定の呼びかけを行っており、各団体においても、既に長時間労働の是正と併せて週休二日の確保に向けた機運の高まりをみせている。

週休二日が実現して初めて、建設業は他産業と同列のスタートラインに立ち、国民生活と経済を支える健全な産業への進化の途につくこととなる。

2

Ⅰ　週休二日実現行動計画

1．行動計画策定の背景

（1） 週休二日の必要性

日建連では、建設技能者の著しい高齢化に伴う大量離職時代の到来により、建設業の生産体制は10年を経ずして破たんしかねない危機的な状況にあると認識し、2015年に建設業の長期ビジョンを策定して円滑な世代交代に向けた道筋を提示した。

そこでは、建設技能者の処遇改善と生産性の向上を二本柱とし、処遇改善については賃金の改善、社会保険の加入促進、建退協制度の適用促進、休日の拡大、雇用の安定(社員化)、重層下請構造の改善の6項目を掲げて取り組んできた。

中でも休日については、建設業就業者の実労働時間は全産業平均よりも年間300時間程度長く、その要因として、他産業では当たり前の週休二日が建設現場で普及していないことが大きい。そしてこのことが、若者が建設業に入職しない大きな理由となっていることから、本年3月、週休二日推進本部を設置して、今後５年程度で建設業に週休二日を定着させるとの目標を掲げ、活動を開始したところである。

（2） 政府・経済界の動き

政府は、本年3月、「働き方改革実行計画」を策定し、時間外労働規制について、建設業に対し改正労働基準法施行から5年間の猶予期間を置いた上で、罰則付き上限規制の一般則を適用することとした。

当該規制の適用に当たっては、発注者や国民の理解を得るための取組みが欠かせないことから、本年6月「建設業の働き方改革に関する関係省庁連絡会議」、7月には建設業団体と主要な民間発注者団体及び労働組合が参画する「建設業の働き方改革に関する協議会」が内閣官房に設置された。

関係省庁連絡会議は、公共・民間を含め全ての建設工事において働き方改革に向けた生産性向上や適正な工期設定等が行われることを目的とした「建設工事における適正な工期設定等のためのガイドライン」【以下、「工期設定等のガイドライン」】を本年8月に策定した。同ガイドラインにおいては、建設業者団体に対し、これに沿って、下請契約も含め、適正な工期設定を通じて、長時間労働の是正や週休2日の確保などの働き方改革に確実に結びつけることが、また発注者や国民の理解を得るための生産性向上等の自助努力に取り組むことが要請されている。

また、関係各省庁では、同ガイドラインに沿った工事の実施に向けて、所管分野における発注者団体への働きかけを行うなどの具体的な取組みが始まっている。

一方、一般社団法人日本経済団体連合会【以下、「経団連」】では、政府の「働き方改革実行計画」に呼応して、各業種の下請企業や建設業をはじめとする受注産業における働き方改革の取組みへの配慮として、「納期の適正化」など従来の商慣行や取引の実務を改善することを主眼とする「長時間労働につながる商慣行の是正に向けた共同宣言」【以下、「経団連共同宣言」】を他の経済団体や経団連加盟の業界団体に呼びかけ、9月に取りまとめており、日建連や全国建設業協会もこれに参加している。

（3） 行動計画策定の意義

本行動計画は、建設業界では一向に週休二日が進まない現状をもはや放置できないとの危機感に立ち、政府・経済界の動きを受けて取りまとめるものである。

上記のような政府や経済界の姿勢は、政府の「働き方改革実行計画」策定に当たり、建設業における長時間労働の是正には週休二日の普及が前提になるとして、その実現に向けた国民的理解の醸成を日建連が政府に要請したのに応えるものである。

こうした政府や経済界による力強い支援が行われる中で、当事者である建設業の取組みが遅々としているようでは、政府はもとより、官民の発注者そして一般社会の期待を裏切ることになる。こうした良好な環境の中で、週休二日の定着が進まないようでは、担い手の確保を通じた生産体制の維持は望めず、建設業の後進性からの脱皮はおぼつかない。

日建連と会員企業は、週休二日の実現を担い手確保の最優先課題と受け止め、不退転の覚悟で本行動計画に一丸となって取り組み、我が国建設業の働き方改革を先導する。

2．行動計画の基本フレーム

1　本行動計画が目指す週休二日は、土曜日及び日曜日の閉所とする。

2　本行動計画の対象事業所は、本社、支店等や全ての工事現場とする。

3　本行動計画の計画期間は、2017～2021年度の5年間とし、
2019年度末までに4週6閉所以上、
2021年度末までに4週8閉所の実現を目指す。

（1） 週休二日の形態（定義）

・本行動計画が目指す週休二日の形態は、建設現場等を週二日閉所することを指すも

4

のとし、週二日の閉所は原則として、土曜日及び日曜日とする。

・土日閉所が困難な事業所は、振替閉所を行う。

振替閉所とは、土日の閉所が困難な場合、土日以外の別の曜日を閉所日 とするなど、年度ベースで週休二日相当の閉所日を確保することである。将来的には、祝日を含む完全週休二日を目指すが、当面は、祝日を振替 閉所日の対象に含めるものとする。

・また、工期延伸への影響を出来るだけ軽減するため、当面は、降雨日等の不可抗力による現場作業不能日や年末年始休暇、夏季休暇、特別休暇等を振替閉所として扱うこともやむを得ないが、本来は年次有給休暇を振替閉所とするのは不適切である。

(2) 対象事業所

・本行動計画は、労働基準法第33条の適用を受ける事業所(災害等の臨時の事由によるもの)を除く本社、支店等や全ての工事現場を対象とする。

・ただし、災害復旧、東京オリ・パラ競技場など特別の事情がある建設現場や、2018年3月以前に契約済みで工期が確定している工事現場など、週休二日の導入が困難な事業所は、本行動計画の期間内は「適用困難事業所」として取り扱う。

(3) 計画期間と目標値

・計画期間は、2017年度から2021年度までの5年間とする。

会員企業は2018年4月着工現場から順次、週休二日実現の取組みが行えるよう、2017年度中に、推進体制の整備、アクションプログラムの策定、社内周知等、所要の準備を行う。

・目標は、最終年度(2021年度末)において、適用困難事業所を除く全事業所で週休二日を実現することとする。

・また、中間目標として、2019年度末に適用困難事業所を除く全事業所で4週6閉所以上を実現することとする。この場合、4週6閉所は原則として各月の第2、第4土曜日を閉所することとする。

・会員企業は、適用困難事業所についても、閉所日をできるだけ増やすよう努力する。

(4) フォローアップ

2018年度以降、毎年度フォローアップを行い、会員企業の取組状況を公表することとし、次の2つの数値を集計する。

5

【週休二日実施率】

・個々の事業所の閉所した日数を調査し、週休二日等（4週5閉所～8閉所）の実績を集計する。その際、土日閉所を基本としている事業所と、それ以外の事業所を別途集計する。

・会員企業は、年度上半期末、下半期末に当該期間に稼働していた事業所数、土日閉所を基本として週休二日を達成した事業所数、それ以外の曜日を基本として週休二日を達成した事業所数を集計し、日建連に報告する。

・なお、期中に着工、竣工した建設現場については、稼働していた事業所数に含み、週休二日の達成の測定は、当該期間の稼働日数に対して、週休二日相当の閉所日が確保されていたか否かで判断する。

【適用困難事業所率】

・対象事業所に対する、適用困難事業所の比率を集計する。

・会員企業は、年度上半期末、下半期末に当該期間に稼働していた事業所のうち、適用困難事業所とした事業所数を集計し、日建連に報告する。

・会員企業は、適用困難事業所率の目標を自主的に設定し、計画期間中に適用困難事業所率を極力0%にするよう努力する。

Ⅱ　行動計画の基本方針

1．週休二日を2021年度末までに定着させる

建設業における週休二日は、2021年度末までに定着させる。

日建連「長期ビジョン」によれば、2025年度までに100万人規模の建設 技能者の大量離職が確実視されており、産業間の厳しい人材確保競争の中で、建設業が魅力ある産業として常に若者を確保し、世代交代を続け、良好な生 産体制を維持するためには、官民のほとんどの分野で定着している週休二日を、出来るだけ早く定着させることが必要になる。

特に、高齢者の大量離職は、東京オリンピック・パラリンピック後の5年間に集中すると考えられることから、それまでの間に週休二日を定着させておくことが必要である。また、改正労働基準法施行後5年で建設業に対する罰則付き上限規制が適用されるので、確実に法適合を図るためにも、今から5年程度で週休二日を定着させ、猶予期間内に長時間労働の是正を実現しなければならない。

6

2．建設サービスは週休二日で提供する

他産業の製品やサービスが就業者の週休二日をベースに提供されているのに対して、建設サービスは週休一日（4週4休）をベースに提供されているのが現実であり、官民の発注者、そして社会全体にも、そうした建設サービスの提供のあり様が当り前として受け止められている。

こうした中で、建設現場の週休二日を推進するには、先ずは建設業界自らが長年の常識を捨てて、「週休二日をベースに建設サービスを提供する」という明確な意識改革をしなければならない。その上で、生産性向上をはじめとするより一層の自助努力を行い、発注者、そして社会全体の認識を改めていただくことが必要である。

3．週休二日は、土日閉所を原則とする

建設業の週休二日、なかんずく建設現場の週休二日は、個々の企業では解決できない難題であり、業界一丸となって、一斉土曜閉所で出発しなければ、実現は望めない。

現場ごとに閉所日が異なると、元請企業、下請企業においては、現場管理 や労務管理が複雑となり、現実的に対応が困難となるほか、技能者が土曜日を機に他社の現場に移ってしまうなど困った事態も生じかねない。また、社会一般や入職希望者に対して、建設業の週休二日をご理解いただくためにも、土日一斉閉所として、目に見える形で推進することが必要である。

ただし、工事種類、現場条件、発注者の事情等によって土日閉所が困難な工事現場も少なくないので、そうした現場については振替閉所を行って週二日の休日を確保することも必要となる。

4．日給月給の技能者の総収入を減らさない

建設技能者の6割以上が日給制であり、稼働日が減ると収入が減少することが週休二日推進にあたっての大きな課題となる。本来、建設技能者の雇用形態は可能な限り「正規雇用」とし、賃金については日給制から月給制の社員にしていくことが必要であり、このためには、専門工事業者の経営努力が必須である。

日建連会員企業は、協力会社組織等を通じて、社員化・月給制に取り組む専門工事業者に対して、従来以上に積極的な支援、関与を行い、週休二日をはじめとする担い手の育成・確保に係る取組みの実効性を高めていく。

7

また、雇用形態の移行までには相応の期間を要することから、少なくともその間は、元請と下請の企業が日給建設技能者個々人の年収が維持できるよう、労務単価を引上げ週休二日による年収減少分の補填を実施する。

5．適正工期の設定を徹底する

週休二日の実施は、もとより工期の延伸とコスト・アップに繋がるが、その影響を緩和ないし解消するため、生産性向上の努力が何よりも重要である。

とは言え、生産性の向上は継続的な努力で段階的に実現する性格のものであり、少なくとも当面は工期の延伸とコスト・アップについて官民の発注者の、そして社会一般のご理解をいただくほかはない。

このうち工期については、特に民間発注者にとっては事業展開の開始時期に直結する最大の関心事であり、公共発注者にとっても事業効果の早期発現は国民や地域住民の期待であるが、建設業界としては、こうした発注者の事情を承知の上で、敢えて週休二日の確保に必要な工期を適正工期として受け入れていただくことが求められる。

関係省庁連絡会議の工期設定等のガイドラインや経団連の共同宣言は、その困難さの理解に立って、建設業の週休二日を支援する趣旨で策定されたものであり、建設企業としては、生産性の向上など最大限の自助努力を盛り込んだ適正な工期を提案するとともに、これらの趣旨等を発注者に対して丁寧に説明し、理解を得て行く。

もとより、日建連会員企業は、週休二日を犠牲にするような不当に短い工期での受注、工期ダンピングを断固排除しなければならない。

6．必要な経費は請負代金に反映させる

一方、週休二日に伴うコスト・アップについては、技能者の賃金や仮設資機材の損料の増などがあり、生産性の向上によっても部材の制作費や運搬費、機械や機器のリース料などコストが増加する場合もある。

これらのコストは請負代金の積算に適切に反映させるとともに、建設企業は発注者の理解を得られるよう、受注交渉において丁寧に説明する。

政府の工期設定等のガイドラインにおいては、公共工事については必要となる共通仮設費や現場管理費などを請負代金に適切に反映するとしており、民間工事についても、「公共工事の例を参考にして請負代金に適切に反映するよう努める」と明記しており、これらの趣旨を精一杯活用すべきである。また、発注者や社会的要請等一定の制約条件により工

8

期が設定され、週休二日を確保するためには、特別な配員や資機材の調達等を行うことが必要な場合には、発注者に丁寧に説明し、それに要する費用（特急料金）を請負代金に適切に反映させる。

もとより、請負代金は諸々の要素によって総合的に定まる市場価格であり、建設企業としては、発注者との間で決定される請負代金の範囲内で週休二日 のコストを賄うことを覚悟する必要がある。

7．生産性をより一層向上させる

週休二日の取組みは、そのまま工期が伸びることを是とするものではない。建設業は、施工の効率化や技術開発、サプライチェーンの合理化、重層下請構造の改善など、生産性向上に向けたより一層の自助努力が求められていることを重く受け止めなければならない。

会員企業は、より一層の企業努力を行うことはもちろん、日建連では、昨年4月に策定した「生産性向上推進要綱」に沿って、発注者や設計事務所、コンサルタント、行政等への要請など個々の企業では解決が困難な取組みを、更に積極的に推進する。

8．建設企業が覚悟を決めて一斉に取り組む

働き方改革は本来、個々の企業がそれぞれの企業展開として独自に取り組むべきものであるが、建設業は受注産業や下請生産といった産業特性から、一企業だけでは解決することが困難な課題が多い。なかんずく、建設現場の週休二日は、官民の発注者の理解と協力、そして資本関係のない専門工事業者、雇用関係のない建設技能者との協調無くしては、実現することが出来ない。

一方で、建設現場の週休二日は、少なくとも当面、工期の延伸に直結し、建設技能者の賃金や仮設資機材の損料にも影響を及ぼすことから、建設企業としては週休二日の取組みを怠る意識を有しかねない。

しかし、こうした意識は週休二日普及の足を引っ張るばかりでなく、既に周回遅れの感のある他産業との人材獲得競争にますます後れを取ることとなり、ひいては産業の将来に重大な影響を及ぼすことになる。

このため、全ての日建連会員企業が覚悟を決めて、本行動計画に一斉に取り組むこととする。

9

9．企業ごとの行動計画を作り、フォローアップを行う

会員企業は、本行動計画を踏まえて、企業ごとに行動計画（アクションプログラム）を策定する。各企業においては、その推進、並びにフォローアップの体制を整備し、全社挙げて、週休二日の定着に向けた具体策に取り組む。

日建連は、会員企業の取組み状況、目標の達成状況等を毎年度検証し、その結果を公表するとともに、生産性向上技術の進歩・普及の状況なども踏まえ、必要に応じて、具体策の強化や追加施策の検討等最大限の努力を行い、目標の達成を図る。

Ⅲ　週休二日の実現に向けた行動

1．請負契約及び下請契約における取組み

（1）請負契約における取組み

① 適正な工期の設定

ア）工期の設定に当たっては、現場技術者や下請企業の社員、建設技能者など建設工事に従事する全ての者が、週休二日を確保するとともに、時間外労働の上限規制に抵触することがないよう、工事内容、施工条件等を適切に考慮し、かつ、生産性向上努力が最大限反映されるよう設定する。

イ）受発注者間の工期設定が、下請契約における工期設定の前提となることを十分に認識し、後工程（内装工事、設備工事、舗装工事等）にしわ寄せが生じないよう留意して、工期の設定を行う。

ウ）適正な工期設定に関しては、土木工事については国土交通省「工期設定支援システム」を、建築工事については国土交通省「公共建築工事における工期設定の基本的考え方」及び日建連「建築工事適正工期算定プログラム」を、適正な工期設定のベースとして積極的に活用する。

【参考】日建連「建築工事適正工期算定プログラム」の設定条件

［休日設定］完全週休2日、祝日出勤

［特別休暇］年末年始5日、夏季3日、ゴールデンウィーク3日

［労働時間］1日8時間（残業なし）

② 必要となる費用の請負代金への反映

ア）上記①を踏まえて週休二日をベースに工期設定を行った場合、当該工期設定に伴い必要となる直接工事費（労務費、機械損料等）、間接工事費（共通仮設費、現場管理費等）などを請負代金に適切に反映する。

イ）生産性向上方策は、工期短縮効果や省人化効果が見込まれる一方で、部材の制作費や運搬費、機械や機器のリース料等が発生し、全体の工事価格が増加する場合がある。元請企業は、週休二日の確保のため、発注者に費用対効果等を丁寧に説明し、発注者の理解のもと、請負代金に適切に反映させる。

ウ）差し迫った供用時期や開業時期に対応するため厳しい工期が求められ、それに見合った体制を組んだり、特別の生産性向上策を用いる場合には、これらの費用を請負代金に適切に反映させる。

【参考】国土交通省発注の土木工事においては、週休2日を実施する工事について、共通仮設置…1.02、現場管理費…1.04の補正係数を上乗せ。営繕工事においては、工期に応じて共通仮設費及び現場管理費を算出。

③ 工事の進捗状況の共有

施工期間中にわたって適宜、工事の進捗状況を発注者と共有し、工程表、設計図書等に沿った工事の円滑な施工を行う。

また、設計図書と実際の現場の状態が一致しない場合、大幅な設計変更が発生した場合等、予定された工期で工事が完了することが困難と認められる事情が生じた場合には、受発注者双方協議の上で、工期の変更等適切な対応を行う。

④ 工期ダンピングの排除

週休二日の実施や、いずれ建設業に適用される時間外労働の上限規制の遵守を困難にするような工期での受注（工期ダンピング）は断固排除する。

工期ダンピングの自粛は、政府が定めた「工期設定等のガイドライン」においても建設企業の取組みとして求められている。

⑤ 請負契約書の特記事項

日建連では、上記①から④の趣旨を織り込んだ特記事項のモデルを作成する。

(2) 下請契約における取組み

① 一次下請契約における取組み

ア）下請契約においても、請負契約における取組みと同様、週休二日をベースとし、かつ建設工事に従事する全ての者が時間外労働の上限規制をクリアできるよう、元請・下請双方が十分に協議の上、適正な工期を設定し、一次下

11

請契約を締結する。

イ）一次下請契約の締結に当たっては、特に以下の点に留意する。

・法定福利費等の必要経費は勿論のこと、当該工期に見合って必要となる下請工事の費用にしわ寄せが生じないよう、請負代金を適切に設定する。

・週休二日の実施に伴い、日給制の建設技能者の総収入が減少しないようにする。

・後工程（内装工事、設備工事、舗装工事等）の適正な施工期間を考慮して、全体の工期のしわ寄せが生じないようにする。

・突貫工事等や休日、夜間に工事を行わざる得ない場合には、時間外労働、休日労働、夜間労働に対する割増賃金を計上する。

【参考】ある団体が2017年度宮城県普通作業員を例に試算した週休2日（労働日数減）による労務単価のアップ（現状の月収確保）は、労務単価の場合は18%アップ、休日割増労務単価（35%割増）の場合は24%アップとなる。

ウ）工事の進捗状況を適宜下請企業と共有し、工程表、設計図書等に沿った工事の円滑な施工を行うとともに、予定された工期で工事が完了することが困難と認められる場合には、元請・下請双方協議の上で、工期の変更等適切な対応を行う。

② 再下請契約に係る指導

元請企業は、一次下請企業に対し、一次下請以下の企業はそれぞれの再下請企業に対し、上記①と同様に、再下請企業と十分に協議の上、適正な工期を設定し、それに伴い必要となる費用を請負代金に適切に反映した下請契約を締結するよう指導する。

③ 下請契約書の特記事項

日建連では、上記①及び②の趣旨を織り込んだ特記事項のモデルを作成する。

2．優良協力会社への支援

（1） 社員化、月給制への移行支援等

日建連会員企業は、協力会社等が取り組む生産性向上、正社員としての直接雇用や多能工化等を積極的に支援する。社員化や月給制への移行に消極的な下請会社に対してはなるべく下請発注を見送ることも考える。

また、人材採用に関する支援、技能者教育 ・ 訓練に対する支援、資格取得援や優良技能者制度の導入、協力会社の経営安定 ・ 成長に向けた支援などを、これまで以上に

12

積極的に行っていく。

日建連としても、好事例の収集や紹介に努める。

（2） 下請発注の平準化

日建連会員企業は、主要な協力会社の施工能力及び手持ちの仕事量などに関する情報を収集し、協力会社の業務山積み状況に留意する。

その上で、下請発注に際しては、協力企業への工事情報の早期開示を行うとともに、工事の規模、難易度、地域の実情、自然条件、工事内容、施工条件等を勘案し、協力会社と工法、施工手順、工程等に関する協議を行い、業務の山積みの平準化を図る。

また、繁忙職種と休閑職種のバランスが図られるよう、日常的に協力会社の多能工育成に積極的な支援を行う。

（3） 支払条件の改善

日建連会員企業は、国土交通省「建設業法令遵守ガイドライン」、日建連「下請取引適正化と適正な受注活動の徹底に向けた自主行動計画」等に基づき、協力会社への支払条件の改善に取り組む。

特に現金払と手形払の併用に当たっては、現金比率を高めるとともに、労務費相当分の現金払を徹底する。また、手形については、割引料等を下請企業に負担させないのは無論のこと、手形期間は120日以内で、できる限り短い期間とし、60日を目標として改善に努める。

３．自助努力の徹底

（1） 生産性の向上（生産性向上推進本部）

週休二日を定着させるためには、発注者、特に民間発注者の理解と協力が必要であるが、そのためには生産性を向上させ、工期の延伸をできる限り抑制する必要がある。

生産性の向上は市場競争に打ち勝つため必須の企業努力であることから、先ずは各企業において積極的に取り組むことが重要である。

日建連では、2016年4月に建設業界が一丸となって、発注者、設計者、コンサルタントも巻き込んで生産性向上に取組むための指針として、2020年までの5年間を対象期間とする「生産性向上推進要綱」を策定したところであり、フォローアップの実施、優良事例集の作成などを通じて生産性向上推進本部、土木・建築両本部において会員企業の取組みを積極的に支援する。

13

（2） 建設技能者の労務賃金の改善（労働委員会）

労務賃金の改善については、2014年に４月に発表した「建設技能労働者の人材確保 ・ 育成に関する提言」において「20代で約450万円、40代約600万円を目指す」との目標を掲げて取り組んでおり、年々改善を見せているが、厚生労働省が公表した2016年度の建設業の男性生産労働者の賃金が4年ぶりに前年比減となった。

このため、日建連としては労務賃金の改善に向けた取組みを改めて会員企業に要請したところであり、会員企業においては適正な労務賃金水準の確保について真剣に取り組む。

（3） 重層下請構造の改善（労働委員会）

重層下請構造の改善は、生産システムを合理化し、生産性向上や、建設技能者の処遇改善のいずれにとっても重要な事柄である。

日建連では、2014年4月の提言において「平成30年度までに可能な分野で原則二次以内を目指す」との目標を掲げており、日建連会員企業は達成に向けた取り組みを更に強化する。

（4） 下請取引の適正化（総合企画委員会）

下請取引の改善については、従来から建設業法等関係法令や通達等に基づき取り組んできたところであるが、下請等中小企業との取引条件改善は建設技能者の処遇改善に欠かせないことから、2017年3月に「下請取引適正化と適正な受注活動の徹底に向けた自主行動計画」を策定したところであり、日建連会員企業はこの計画に沿って積極的に取り組む。

（5） 建設キャリアアップシステムの普及促進（建設キャリアアップシステム推進本部）

建設キャリアアップシステムは、2018年秋にも運用が開始される。同システムを活用すれば、週休二日の実施状況の把握が容易となり、建設現場の効率的な運用による生産性向上にも大いに役立つので、会員企業は、現場登録や技能者登録を積極的に推進する。

４．業界の意識改革　　～統一土曜閉所運動など～

日建連会員企業は、本行動計画に基づき、2021年度末の週休二日定着に向けて、それぞれ行動計画（アクションプログラム）を定め、主体的な取組みを展開する。

週休二日の実現は、日建連会員企業のみならず、地方、中小、職別建設業や、建設技能者を含む建設業に携わる全て人々に共通する重要課題であり、発注者や一般市民を含めた意識改革が不可欠である。このため、日建連としては、建設業関連の多くの業界団体に呼びかけ、業界全体の週休二日の実現に向けた機運を高めて行く。

14

具体的な行動としては、統一土曜閉所運動を来年度から実施することとし、日建連としては、建専連をはじめ週休二日の実現に取り組む多くの業界団体や、関係の労働組合と連携し、会員各社もその協力会や労働組合と連携して実施する。さらに、ロゴマーク・キャッチコピーの普及と浸透、好事例の発表会や例集の発行、シンポジウム等のイベントなどを実施する。

5．発注者、社会一般の理解促進

建設業における長時間労働の是正や週休二日の実現のためには、適正な工期の必要性について、発注者や社会一般の理解を得るための取組みが必要となる。

日建連会員企業は受注契約毎に、その発注者に対し適正な工期の必要性について必ず丁寧に説明をする。日建連としても会員企業の活動を補完するため、適正な工期の設定に関して、民間発注者団体への協力要請や、発注者説明用パンフレットの作成・配布などを行う。

社会一般に対しては、各種広報媒体を用いたＰＲ，建設現場の仮囲い等を活用したメッセージ発信や、学生向け現場見学会・出前講座などでの周知を継続的に行っていく。

6．国土交通省の「週休二日モデル工事」への対応

建設現場で週休二日を実現するに当たっては、公共工事での取組みを先行事例として民間工事等に浸透させていくことが有効である。

国土交通省においては、「週休二日モデル工事」の対象を拡大することとしており、日建連会員企業は、これらに積極的に対応し、入札・契約、施工、竣工の各段階での週休二日推進の取組状況の把握を行い、国土交通省と日建連との「意見交換会フォローアップ会議」等を通じて、改善方策を検討し、個々の課題の解消に取り組む。

7．「建築工事適正工期算定プログラム」の活用

日建連は、建築工事における週休二日を前提とした適正工期を自動算定し、工程表を作成する「建築工事適正工期算定プログラム」を2016年4月に作成し、会員企業のほか地方公共団体などにも提供している。

2017年7月にはバージョンアップを行ったところであり、今後も利用者のニーズに合わせた改良を継続的に行うとともに、民間発注者や設計事務所等の理解を促進し、本プログラムの活用を通じて、週休二日をベースとした適正工期での受注を推進する。

15

８．関係省庁等の取組みへの参画

「建設業の働き方改革に関する協議会」に積極的に参画し、関係省庁と主要な民間発注者の理解と協力を要請する。あわせて、鉄道、電力、ガス、不動産・住宅の4分野に係る「建設業の働き方改革に関する連絡会議」を通じて、各発注者と真剣な議論を行うとともに、関係各省庁が取り組む実態調査やモデル工事等に積極的に協力し、週休二日推進の実効性を高める。

（参考）　建設業の働き方改革に関する連絡会議と担当組織

連絡会議	政府	日建連
鉄道関係	国土交通省 鉄道局施設課	鉄道工事委員会
電力関係	資源エネルギー庁 電力・ガス事業部政策課 国土交通省 土地・建設産業局建設業課	電力・エネルギー工事委員会
ガス関係	資源エネルギー庁 電力・ガス事業部政策課 国土交通省 土地・建設産業局建設業課	電力・エネルギー工事委員会
不動産・住宅関係	国土交通省 土地・建設産業局建設業課	週休二日推進本部

memo

著者略歴

森井　博子　（もりい　ひろこ）

1977年に労働省入省。愛知、神奈川、山梨、東京労働局等の局署に勤務。池袋、青梅労働基準監督署長のほか、東京労働局監督課主任監察官、安全課主任安全専門官、企画室長、労働保険徴収部長などを歴任。現在、特定社会保険労務士、森井労働法務事務所所長。
著作に、『労働基準関係法事件ファイル』（共著・日本法令）、『労基署がやってきた！』（宝島社）、『The 検証‼ 労働災害事件ファイル』（共著・労働調査会）がある。「労働基準広報」「労働安全衛生広報」（いずれも労働調査会）、「労務事情」（産労総合研究所）に連載を持つほか、「ビジネスガイド」（日本法令）、「ビジネス法務」（中央経済社）等にも寄稿を行っている。

森井博子が解説！
建設業の労基署対応

平成30年9月20日　初版発行

検印省略

日本法令®

〒101-0032
東京都千代田区岩本町1丁目2番19号
http://www.horei.co.jp/

著　者　森　井　博　子
発行者　青　木　健　次
編集者　岩　倉　春　光
印刷所　日本ハイコム
製本所　国　宝　社

（営　業）　TEL　03-6858-6967　　Eメール　syuppan@horei.co.jp
（通　販）　TEL　03-6858-6966　　Eメール　book.order@horei.co.jp
（編　集）　FAX　03-6858-6957　　Eメール　tankoubon@horei.co.jp

（バーチャルショップ）　http://www.horei.co.jp/shop
（お詫びと訂正）　http://www.horei.co.jp/book/owabi.shtml

※万一、本書の内容に誤記等が判明した場合には、上記「お詫びと訂正」に最新情報を掲載しております。ホームページに掲載されていない内容につきましては、FAXまたはEメールで編集までお問合せください。

・乱丁、落丁本は直接弊社出版部へお送りくだされればお取替えいたします。

ISBN 978-4-539-72636-5